Wissenschaftliche Taschenbücher WTB

Mathematik · Physik

Werner Stolz
Reinhold Bernhardt

Dosimetrie ionisierender Strahlung

Akademie-Verlag · Berlin

WTB Wissenschaftliche Taschenbücher

Eine Auswahl lieferbarer Bände:

HEINRICH ARNOLD
Physikalische Chemie der Halbleiter

JOACHIM AUTH / DIETMAR GENZOW
KLAUS H. HERRMANN
Photoelektrische Erscheinungen

HANS BANDEMER
ANDREAS BELLMANN
WOLFHART JUNG / KLAUS RICHTER
Optimale Versuchsplanung

FRANK BEICHELT
Prophylaktische Erneuerung von Systemen

JOACHIM BELLACH / PETER FRANKEN
ELKE WARMUTH / WALTER WARMUTH
Maß, Integral und bedingter Erwartungswert

WOLFRAM BRAUER
HANS-WALDEMAR STREITWOLF
Theoretische Grundlagen der Halbleiterphysik

SIEGFRIED BREHMER
Einführung in die Maßtheorie

SIEGFRIED BREHMER
Hilbert-Räume und Spektralmaße

JOHN CUNNINGHAM
Vektoren

GEORG DAUTCOURT
Relativistische Astrophysik

K. CH. DELOKAROV
Relativitätstheorie und Materialismus

WERNER DÜCK
Diskrete Optimierung

HANNELORE FISCHER
JOACHIM PIEHLER
Modellsysteme der Operationsforschung

HERBERT GOERING
Asymptotische Methoden zur Lösung von Differentialgleichungen

HERBERT GOERING
Elementare Methoden zur Lösung von Differentialgleichungsproblemen

EDUARD HERLT / NIKOLAUS SALIÉ
Spezielle Relativitätstheorie

HELMUT HESS
Der elektrische Durchschlag in Gasen

V. I. KARPMAN
Nichtlineare Wellen in dispersiven Medien

ULRICH KAUSMANN
KLAUS LOMMATZSCH
FRANTIŠEK NOŽIČKA
Lineare parametrische Optimierung

A. R. KESSEL
Akustische Kernresonanz

KONRAD KREHER
Festkörperphysik

DIETER KRESS
Theoretische Grundlagen der Signal- und Informationsübertragung

DIETER LEUSCHNER
Grundbegriffe der Thermodynamik

V. S. Letochow
Laserspektroskopie

Martin Heinrich / Heinz Ulbricht
Mechanik der Kontinua

Wolfgang Meiling
Digitalrechner in der elektronischen Meßtechnik
Teil 1: Meßmethodik
Teil 2: Gerätetechnik und Anwendungen

L. I. Miroschnitschenko
Kosmische Strahlung im interplanetaren Raum

Peter Paufler
Gustav E. R. Schulze
Physikalische Grundlagen mechanischer Festkörpereigenschaften
Teil I und II

Ulrich Röseberg
Quantenmechanik und Philosophie

Albrecht Rost
Messung dielektrischer Stoffeigenschaften

J. V. Sačkov
Wahrscheinlichkeit und Struktur

E. M. Sawizki
Perspektiven der Metallforschung

Wolfgang Schäfer
Theoretische Grundlagen der Stabilität technischer Systeme

Ernst Schmutzer
Symmetrien und Erhaltungssätze der Physik

Volkmar Schuricht
Kernexplosionen für friedliche Zwecke

Norbert Sieber
Hans-Peter Leidhold
Einführung in die Datenverarbeitung

Festkörperphysik
Entwicklungstendenzen und Anwendungsmöglichkeiten

Horst Melcher
Albert Einstein wider Vorurteile und Denkgewohnheiten

Die Schöpfer der physikalischen Optik
Eine Artikelsammlung

Hans-Georg Schöpf
Von Kirchhoff bis Planck

Renate Wahsner
Mensch und Kosmos
Die copernicanische Wende

Helmut Friemel / Josef Brock
Grundlagen der Immunologie

Eberhard Hofmann
Funktionelle Biochemie des Menschen
Band 1 und 2

Lothar Jäger
Grundlagen der Klinischen Immunologie

Karlheinz Lohs
Dieter Martinetz
Entgiftung – Mittel, Methoden und Probleme

Joachim Nitschmann
Entwicklung bei Mensch und Tier

Stephan Schnitzler
Pharmakologische Aspekte von Immunreaktionen

Dieter Spaar
Helmut Kleinhempel
Hans Joachim Müller
Klaus Naumann
Bakteriosen der Kulturpflanzen

Eberhard Teuscher
Pharmakognosie
Teil I–III

Heinrich Bremer
Klaus-Peter Wendlandt
Heterogene Katalyse

Peter Birner
Hans-Jörg Hofmann
Cornelius Weiss
MO-theoretische Methoden in der organischen Chemie

Günter Eppert
Einführung in die Schnelle Flüssigchromatographie

Gerhard Geiseler / Heinz Seidel
Die Wasserstoffbrückenbindung

Falko H. Herrmann
Martina Ch. Herrmann
Das Hämoglobin des Menschen

Hasso Meinert
Fluorchemie

Dieter Onken
Antibiotika – Chemie und Anwendung

Burkart Philipp
Gerhard Reinisch
Grundlagen der makromolekularen Chemie

Horst Remane / Rainer Herzschuh
Massenspektrometrie in der organischen Chemie

Joachim Schuppan
Theorie und Methoden der Konduktometrie

Joachim Schuppan
Anwendungen der Konduktometrie

Kurt Schwabe
pH-Messung

Vorschau auf die nächsten Bände:

Wolfgang Blei
Erkenntniswege zur Erd- und Lebensgeschichte

Klaus Budde / Helmut Bulle
Helmut Rückauf
Stöchiometrie chemisch-technologischer Prozesse

Klaus Dittrich
Atomabsorptionsspektroskopie

Ernst-Joachim Donth
Glasübergang

Gottfried Fritzsche
Zeitdiskrete und digitale Systeme
Netzwerke IV

Detlef Gröger / Siegfried Johne
Mikrobielle Gewinnung von Arzneistoffen

Nina Hager
Modelle in der Physik

Peter Paufler
Phasendiagramme

Robert Rompe
Hans-Jürgen Treder
Über die Einheit der exakten Wissenschaften

S. Sakata / M. Taketani
Philosophische und methodologische Probleme der Physik

Ernst Schmitz
Organische Zwischenprodukte

WTB

BAND 273

Werner Stolz
Reinhold Bernhardt

Dosimetrie ionisierender Strahlung

Mit 32 Abbildungen und 12 Tabellen

AKADEMIE-VERLAG · BERLIN

Reihe MATHEMATIK UND PHYSIK

Verfasser:

Prof. Dr. rer. nat. habil. Werner Stolz

Bergakademie Freiberg, Sektion Physik

Dr. rer. nat. Reinhold Bernhardt

VEB Robotron-Meßelektronik „Otto Schön" Dresden

1981
Erschienen im Akademie-Verlag,
DDR-1080 Berlin, Leipziger Straße 3–4
Lektor: Renate Trautmann

Lizenznummer: 202 · 100/433/81
Herstellung: VEB Druckhaus „Maxim Gorki", 7400 Altenburg
Bestellnummer: 762 866 3 (7273) · LSV 1174
Printed in GDR
DDR 8,– M
ISSN 0084-098X

Vorwort

Seit ionisierende Strahlung in der Medizin angewendet wird, besteht das Bedürfnis nach physikalisch exakt definierten und experimentell bzw. rechnerisch bestimmbaren Dosisgrößen. Durch den Bau von Kernreaktoren, die Nutzung der Strahlung radioaktiver Nuklide sowie die Bereitstellung von Teilchenbeschleunigern ist die Notwendigkeit entstanden, auch außerhalb der Medizin bei der Anwendung ionisierender Strahlung auf zahlreichen anderen Gebieten Dosisbestimmungen durchzuführen.

In den letzten zwei Jahrzehnten erfolgten grundlegende Wandlungen und Fortschritte auf dem Gebiet der Dosimetrie ionisierender Strahlung. Die Entwicklung der Dosimetrie in diesem Zeitraum ist gekennzeichnet durch die Neufassung der Definitionen der Strahlungsgrößen und Einheiten, die exakte Formulierung und Erweiterung der Theorie des Strahlungsfeldes sowie die Einführung neuer Meß- und Rechenverfahren. Thema dieses Taschenbuches sind die Strahlungs- und Dosisgrößen, die theoretischen Grundlagen der Sondenmethode der Dosimetrie, die experimentellen und rechnerischen Methoden der Dosisbestimmung; zugleich wird ein Überblick über die Teilgebiete der praktischen Dosimetrie gegeben. Das Buch kann und soll keines der Standardwerke der Dosimetrie ersetzen, sondern beschränkt sich auf das Wesentliche und ist als Einführung in das Gesamtgebiet gedacht. Die Kenntnis elementarer Grundlagen der Kernphysik und der Wechselwirkungsprozesse zwischen ionisierender Strahlung und Materie wird vorausgesetzt.

Bei der beschränkten Anzahl von Literaturzitaten konnten nur Bücher, zusammenfassende Berichte sowie einige Originalarbeiten und Reports berücksichtigt werden. Diese ermöglichen es dem Leser aber, sich schnell über spezielle Literatur zu informieren.

Wir hoffen, daß diese Einführung in die Dosimetrie ionisierender Strahlung Studierenden sowie in der Praxis tätigen Physikern, Chemikern, Radiologen und Technikern von Nutzen sein wird.

Unser Dank gilt dem Akademie-Verlag Berlin für die Herausgabe dieses Taschenbuches.

W. Stolz, R. Bernhardt

Inhaltsverzeichnis

Symbolverzeichnis

A	Aktivität
A_s	spezifische Aktivität
B	Bremsstrahlungsverlust
B_S	Quellstärke
D	Energiedosis
$\dot{D}$	Energiedosisleistung
D_T	Tiefendosis
$D_{T,max}$	Maximalwert der Tiefendosis
$D_{T,rel}$	relative Tiefendosis
f_{RBW}	Faktor der Relativen Biologischen Wirksamkeit
$\boldsymbol{G}$	vektorielle Energiefluenz
$\boldsymbol{g}$	vektorielle Energieflußdichte
G	G-Wert
H	Äquivalentdosis
$\dot{H}$	Äquivalentdosisleistung
H_E	effektive Äquivalentdosis
I_β	Punktquellendosisfunktion
J	Ionisationsdosis
$\dot{J}$	Ionisationsdosisleistung
K	Kerma
q	Qualitätsfaktor
$\overline{R}$	mittlere Reichweite
R_{max}	maximale Reichweite
$\frac{S}{\varrho}$	Massen-Bremsvermögen
$\frac{S_{col}(W)}{\varrho}$	Kollisionsanteil des Massen-Bremsvermögens
$\frac{S_{col}(W, \Delta)}{\varrho}$	beschränktes Massen-Bremsvermögen
$s_{SM}(W)$	relatives Massen-Bremsvermögen

$\bar{s}_{SM}(\Delta)$	effektives Verhältnis der Massen-Bremsvermögen
T_{phys}	physikalische Halbwertzeit
T_{biol}	biologische Halbwertzeit
T_{eff}	effektive Halbwertzeit
V_{GL}	Gewebe-Luft-Verhältnis
W_D	zugeführte Energie
$\overline{W}_i$	mittlerer Energieaufwand zur Bildung eines Ionenpaares
X	Expositionsdosis
$\dot{X}$	Expositionsdosisleistung
Z	lokale Energiedichte
Z_{eff}	effektive Ordnungszahl
Γ	spezifische Gammastrahlungskonstante
ε	Meßempfindlichkeit
ε_{rel}	relative Meßempfindlichkeit
ε'	Eigenempfindlichkeit einer Sonde
ε_λ	molarer dekadischer Extinktionskoeffizient
$\frac{\eta}{\varrho}$	Fluenz-Kerma-Konversionsfaktor
λ	Umwandlungskonstante
μ	linearer Schwächungskoeffizient
$\frac{\mu_{en}}{\varrho}$	Massen-Energieabsorptionskoeffizient
$\frac{\mu_{tr}}{\varrho}$	Massen-Energieumwandlungskoeffizient
φ	Teilchenflußdichte
Φ	Teilchenfluenz
$(\Phi)_\lambda$	Lichtstrom
ψ	Energieflußdichte
Ψ	Energiefluenz

1. Einführung

1.1. Historische Entwicklung der Dosimetrie

Der eigentliche Ursprung des Wissensgebietes der Dosimetrie ionisierender Strahlung ist die Strahlentherapie. Mit der Anwendung der Röntgenstrahlung in der Medizin entwickelte sich um die Jahrhundertwende das Bedürfnis, in Analogie zum Dosisbegriff der Chemotherapie eine objektive Strahlungsgröße festzulegen, um darauf die biologischen Strahlenwirkungen zu beziehen.

Vor der Anwendung physikalisch fundierter Methoden der Dosimetrie diente lange Zeit ein biologisches Verfahren zur Ermittlung der „einverleibten Strahlungsmenge". Es beruhte auf der intensiver Kurzzeitbestrahlung folgenden Hautrötung (Hauterythemdosis). Auch die Abtötung von Drosophila- oder Wurmeiern wurde in der Frühzeit der Dosimetrie zu Strahlungsmessungen benutzt.

Bereits im Jahre 1913 entwickelte aber der Schweizer Arzt und Physiker Christen klare Vorstellungen von einem physikalisch fundierten Dosisbegriff, die den heutigen Auffassungen sehr nahe kommen. In seiner Schrift „Messung und Dosierung der Röntgenstrahlen" schreibt er u. a.:

„Wir haben uns also vorzustellen, daß von der an einer bestimmten Stelle absorbierten Röntgenenergie ein bestimmter Anteil, die biologisch wirksame Energie, diejenigen chemischen Reaktionen auslöst, welche für die spezifischen Röntgenwirkungen verantwortlich sind. Das Verhältnis dieser beiden Energiemengen ist der ‚Sensibilitätskoeffizient':

$$\text{Sensibilitätskoeffizient} = \frac{\text{biologisch wirksame Energie}}{\text{gesamte absorbierte Energie}}.$$

Was wir im letzten Grund der Dinge zu kennen wünschen, ist derjenige Anteil an absorbierter Energie, welcher die biologischen Wirkungen hervorruft."

Christen bezeichnet dann als ‚physikalische Dosis' oder auch ‚rohe Dosis' „... diejenige Röntgenenergiemenge, welche in einem Körperelement absorbiert wird, dividiert durch das Volumen dieses Elementes". Die ‚biologische Dosis' oder auch ‚wirksame Dosis' definiert er „gleich der physikalischen Dosis, multipliziert mit dem Sensibilitätskoeffizienten". Christen führt weiter aus: „Dabei sei nochmals daran erinnert, daß wir zunächst bloß für die ‚physikalische Dosis' Meßverfahren kennen, daß wir sie zu bestimmen suchen (wirklich ‚bestimmen' möchte ich heute noch nicht sagen). Zur richtigen Beurteilung derselben ist daher vor allem eine exakte Untersuchung der Beziehungen zwischen den bekannten meßbaren Größen und der so definierten ‚physikalischen Dosis' nötig". [14]

Die wichtigste ältere physikalische Meßmethode der Dosimetrie beruht auf der Ionisation der Luft. Zu Beginn der zwanziger Jahre wurde auf dieser Grundlage für Röntgenstrahlung die Dosiseinheit Röntgen eingeführt, deren Anwendungsbereich später auch auf Gammastrahlung bis zu Energien von 2 bis 3 MeV ausgedehnt wurde.

Im Jahre 1925 wurde die ICRU (International Commission on Radiological Units and Measurements) als internationales wissenschaftliches Gremium für alle Fragen der Definition von Strahlungs- und Dosisgrößen sowie für die Einheiten der Dosimetrie gegründet. Dank der einsetzenden fruchtbringenden internationalen Zusammenarbeit erfolgte schrittweise eine Erweiterung und Präzisierung des Begriffssystems der Dosimetrie.

Durch die Einführung neuer Strahlungsarten in die Strahlentherapie und die Entwicklung von Kernforschung, Kerntechnik und Strahlentechnik in den Nachkriegsjahren entstand zwingend die Notwendigkeit, neue Strahlungsgrößen festzulegen und physikalisch einwandfrei zu definieren. Diesem Umstand trug die ICRU im Jahre 1953 durch den Vorschlag einer allgemein gültigen Dosisgröße, der sogenannten „absorbed dose" Rechnung, welche die deutsche Bezeichnung „Energiedosis" erhielt. Das Röntgen wird seitdem nicht mehr als Einheit für die Dosis schlechthin, sondern für die „exposure" (Expositionsdosis) verwendet.

Für die Energiedosis wurde gleichzeitig die Einheit Rad (Kurzzeichen rd) eingeführt. Die Energiedosis berücksichtigt unmittelbar die durch ionisierende Strahlung auf das bestrahlte Material übertragene Energie und stellt damit die fundamentale physikalische Dosisgröße dar. Das Konzept der Energiedosis ist auf alle Strahlungsarten und Strahlungsenergien anwendbar und nicht auf eine bestimmte Meßsubstanz beschränkt. Durch die Fortschritte der Meßtechnik ist es inzwischen gelungen, fundamentale Methoden zur absoluten Messung dieser wichtigen Dosisgröße zu entwickeln.

Speziell für die Belange des Strahlenschutzes wurde als Hilfsgröße die Äquivalentdosis mit der Einheit Rem (Kurzzeichen rem) geschaffen.

Die weltweite Einführung des Internationalen Einheitensystems (SI) bewirkte auch auf dem Gebiet der Dosimetrie ionisierender Strahlung Mitte der siebziger Jahre eine neue Regelung der Einheitennamen. Für die Energiedosis D, die Expositionsdosis X und die Äquivalentdosis H verloren die bisherigen Einheiten Rad, Röntgen und Rem ihre gesetzliche Gültigkeit. Die Generalkonferenz für Maß und Gewicht führte auf Antrag der ICRU im Jahre 1975 die SI-Einheit Joule je Kilogramm mit dem besonderen Namen Gray (Kurzzeichen Gy) für die Energiedosis ein. Diese Einheit ist auch für andere Größen der Dosimetrie, die in Joule je Kilogramm gemessen werden (Kerma, Bremsstrahlungsverlust, lokale Energiedichte) zugelassen. Für die Expositionsdosis wurde die abgeleitete SI-Einheit Coulomb je Kilogramm, bei bewußtem Verzicht auf einen eigenen Einheitennamen, als Nachfolge für das Röntgen festgelegt.

Die Äquivalentdosis ist wie die Energiedosis in der abgeleiteten SI-Einheit Joule je Kilogramm anzugeben, jedoch darf die spezielle Energiedosiseinheit Gray dafür keine Verwendung finden. Für die Äquivalentdosis wird der eigene Einheitenname Sievert (Kurzzeichen Sv) benutzt.

In den vergangenen zwanzig Jahren wurden neben der physikalisch einwandfreien Definition der verschiedenen Dosisgrößen, der Festlegung von Dosiseinheiten sowie der fundierten Darstellung der theoretischen Grundlagen der Dosimetrie auch die Dosismeßmethoden immer weiter vervollkommnet. Bewährte ältere Meßverfahren, wie die Ionisationsmethoden und die Filmdosimetrie, wurden verbessert und durch neue, leistungsfähige kalorimetrische, chemische und festkörperdosimetrische Methoden ergänzt.

Parallel dazu wurden neue Verfahren der Dosisberechnung, insbesondere durch die Anforderungen seitens der Strahlentherapie, entwickelt. Der Einsatz elektronischer Rechenanlagen eröffnete die Möglichkeit, auch komplizierte Dosisverteilungen aus einigen vorgegebenen Parametern zu errechnen.

1.2. Aufgabe der Dosimetrie

Die Aufgabe der Dosimetrie besteht darin, die für physikalische, chemische und insbesondere biologische Strahlenwirkungen maßgebenden physikalischen Größen (Dosisgrößen) einer ionisierenden Strahlung festzulegen und zu bestimmen. Das Bedürfnis nach exakt definierten und experimentell oder rechnerisch bestimmbaren Dosisgrößen besteht seit den Anfängen der Anwendung ionisierender Strahlung in der therapeutischen Praxis. Durch die Entwicklung der Kerntechnik sowie die Anwendung ionisierender Strahlung in vielen Bereichen der Naturwissenschaften, Technik, Medizin und Landwirtschaft, ist die Notwendigkeit entstanden, auch außerhalb der Strahlentherapie auf zahlreichen anderen Gebieten Dosisgrößen zu ermitteln.

Gegenwärtig umfaßt die Dosimetrie die folgenden selbständigen Arbeitsbereiche: Strahlenschutzdosimetrie, Klinische Dosimetrie, Strahlenbiologische Dosimetrie, Strahlentechnische Dosimetrie und Umgebungsdosimetrie. Im Vordergrund stehen Methoden, die zur Ermittlung von Dosisgrößen bei der Bestrahlung von biologischem Gewebe, insbesondere des Menschen, dienen.

2. Strahlungsfeld und Dosisgrößen

2.1. Ionisierende Strahlung

Radioaktive Nuklide, Kernreaktoren, Teilchenbeschleuniger und Röntgenanlagen senden Strahlungen aus, die bei der Wechselwirkung mit Stoffen physikalische, chemische und biologische Effekte hervorrufen. Die in einem bestrahlten Objekt ausgelösten Reaktionen lassen sich, mit Ausnahme von Kernprozessen, auf die Energieübertragung an Hüllenelektronen, insbesondere auf die Ionisation der Atome und Moleküle, zurückführen. Aus diesem Grunde werden alle Strahlungsarten, die Ionisation bewirken, unter dem Begriff der ionisierenden Strahlung zusammengefaßt. Es ist zweckmäßig, zwischen direkt und indirekt ionisierenden Teilchen zu unterscheiden.

Direkt ionisierende Teilchen sind geladene Teilchen (Elektronen, Protonen, α-Teilchen usw.), deren kinetische Energie ausreicht, um Ionisation durch Stoß zu bewirken.

Indirekt ionisierende Teilchen sind ungeladene Teilchen (Neutronen, Photonen usw.), die direkt ionisierende Teilchen freisetzen oder eine Kernumwandlung einleiten können.

Ionisierende Strahlung ist jede Strahlung, die direkt oder indirekt ionisierende Teilchen oder ein Gemisch beider enthält.

Photonen zählt man zu den indirekt ionisierenden Teilchen, obwohl sie durch Photoeffekt und Compton-Effekt direkt ionisieren. Die Zahl der direkten Ionisationen von Photonen ist jedoch gering im Vergleich zur Zahl der Ionisationen der Sekundärelektronen, die von Photonen freigesetzt werden. Mit abnehmender Photonenenergie verringert sich das Ionisationsvermögen der Sekundärelektronen. Photonen des infraroten, sichtbaren und ultravioletten Lichtes vermögen zwar durch Photoeffekt gewisse Atome und Moleküle zu ionisieren, jedoch besitzen die abgelösten Elektronen nicht genügend kinetische Energie, um ihrerseits Stoßionisation zu bewirken. Optische Strahlung wird daher nicht zur ionisierenden Strahlung gezählt.

Neutronen, auch solche mit geringen kinetischen Energien, gehören dagegen generell zu den indirekt ionisierenden Teilchen. Sie erzeugen durch Kernreaktionen letztlich geladene direkt ionisierende Teilchen.

2.2. *Strahlungsfeld*

In der Dosimetrie hat sich die Beschreibung der Strahlungsausbreitung durch *Feldgrößen* als zweckmäßig erwiesen. Die Feldbeschreibung der ionisierenden Strahlung bildet die Grundlage für rechnerische Methoden der Dosisbestimmung und ermöglicht eine anschauliche Darstellung der dosimetrischen Meßprinzipien.

Feldgrößen sind Funktionen $f(\boldsymbol{r}, t)$ kontinuierlicher Orts- und Zeitveränderlicher. Die Feldbeschreibung ist dann auf ionisierende Strahlung anwendbar, wenn zwei Bedingungen erfüllt sind. Da physikalische, chemische und biologische Strahlenwirkungen durch eine Vielzahl von Einzelereignissen zustande kommen, muß sich eine Feldgröße für Raum- und Zeitbereiche definieren lassen, in denen eine so große Anzahl von Elementarereignissen auftritt, daß die Feldgröße ein mittleres Verhalten der Strahlung beschreibt. Damit die Feldgröße einen eindeutigen Wert erhält, darf sie ihrerseits nicht von der räumlichen und zeitlichen Größe des Bereiches abhängen, für den sie definiert worden ist.

Zur Erläuterung dieses Sachverhaltes wird eine Feldgröße betrachtet, welche Auskunft über die Zahl der Teilchen gibt, die in der Umgebung des Ortes $\boldsymbol{r}$ während des Zeitintervalls Δt den Raum durchqueren. Eine solche Feldgröße φ ist durch den Ausdruck

$$\varphi = \frac{\Delta(\Delta N)}{\Delta A\, \Delta t} = \frac{\mathrm{d}^2 N}{\mathrm{d}A\, \mathrm{d}t} \tag{2.1}$$

gegeben. Die Größe $\Delta(\Delta N)$ gibt die Zahl der Teilchen aller Raumrichtungen an, die im Zeitintervall Δt senkrecht die Großkreisfläche ΔA einer Kugel passieren, welche den Ort $\boldsymbol{r}$ als Mittelpunkt umschließt.

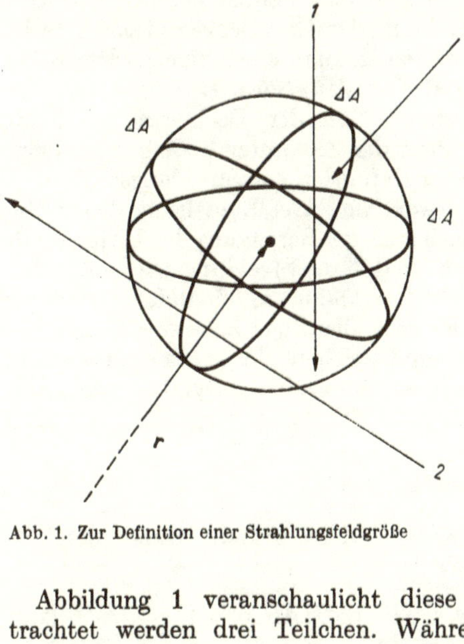

Abb. 1. Zur Definition einer Strahlungsfeldgröße

Abbildung 1 veranschaulicht diese Definition. Betrachtet werden drei Teilchen. Während der Zeit Δt haben die Teilchen 1 und 2 ΔA senkrecht durchsetzt.

Teilchen 3 ist in Δt zwar in die Kugel um den Ort $\boldsymbol{r}$ eingedrungen, hat aber die senkrecht zu passierende Großkreisfläche nicht erreicht. Es liefert keinen Beitrag zu $\Delta(\Delta N)$.

Die Definition einer eindeutigen Feldgröße mit Hilfe von (2.1) ist nur möglich, wenn sich die folgenden Forderungen erfüllen lassen:

a) ΔA und Δt müssen so groß gewählt werden, daß die statistischen Schwankungen von $\Delta(\Delta N)$ vernachlässigbar sind,

b) ΔA und Δt müssen trotzdem so klein sein, daß für φ ein bestimmter Wert erhalten wird.

In der Dosimetrie lassen sich diese Forderungen im allgemeinen miteinander in Einklang bringen, so daß die Feldbeschreibung angewendet werden kann. Die Untersuchung der Verteilung der Energieabsorption in sehr kleinen Raumbereichen, z. B. in einer biologischen Zelle, ist der Gegenstand der *Mikrodosimetrie* (s. 6.3.). Um darauf hinzuweisen, daß in der Dosimetrie die Feldbeschreibung nur unter den genannten Bedingungen möglich ist, findet bei der Definition von Strahlungsgrößen oft das Δ-Symbol Verwendung. Bei Einhaltung dieser Bedingungen ist jedoch auch die Benutzung der Differentialoperatoren möglich, so daß die Strahlungsfeldgrößen mit Hilfe der Differentialrechnung miteinander verknüpft werden können. Es darf allerdings kein errechnetes Ergebnis auf Raum- und Zeitbereiche übertragen werden, die kleiner als in dem durch das Δ-Symbol gegebenen Sinne sind.

2.3. *Strahlungsfeldgrößen*

Ein Strahlungsfeld wird vollständig durch den allgemeinen Ausdruck

$$\varphi_i(\boldsymbol{r}, \boldsymbol{\Omega}, W, t)\, \mathrm{d}\Omega\, \mathrm{d}W\, \mathrm{d}t\, \mathrm{d}A \qquad (2.2)$$

charakterisiert. Er gibt die Anzahl der Teilchen der Art i

im Energieintervall zwischen W und $W + \mathrm{d}W$ an, die während der Zeit von t bis $t + \mathrm{d}t$ die Großkreisfläche $\mathrm{d}A$ einer Kugel am Ort $\boldsymbol{r}$ innerhalb eines Raumwinkels $\mathrm{d}\Omega$ um den Einheitsvektor $\boldsymbol{\Omega}$ senkrecht durchsetzen. Durch Integration von (2.2) über den ganzen Raumwinkel, den gesamten Energiebereich der Teilchen und die Zeit werden drei Strahlungsfeldgrößen definiert: die Teilchenfluenz

$$\Phi(\boldsymbol{r}) = \sum_i \int_{t_1}^{t_2} \int_0^{\infty} \int_{4\pi} \varphi_i(\boldsymbol{r}, \boldsymbol{\Omega}, W, t)\, \mathrm{d}\Omega\, \mathrm{d}W\, \mathrm{d}t, \qquad (2.3)$$

die Energiefluenz

$$\Psi(\boldsymbol{r}) = \sum_i \int_{t_1}^{t_2} \int_0^{\infty} \int_{4\pi} W\varphi_i(\boldsymbol{r}, \boldsymbol{\Omega}, W, t)\, \mathrm{d}\Omega\, \mathrm{d}W\, \mathrm{d}t, \qquad (2.4)$$

die vektorielle Energiefluenz

$$\boldsymbol{G}(\boldsymbol{r}) = \sum_i \int_{t_1}^{t_2} \int_0^{\infty} \int_{4\pi} \boldsymbol{\Omega} W\varphi_i(\boldsymbol{r}, \boldsymbol{\Omega}, W, t)\, \mathrm{d}\Omega\, \mathrm{d}W\, \mathrm{d}t. \qquad (2.5)$$

Die Definition der Größen Φ, Ψ, $\boldsymbol{G}$ und ihrer Ableitungen nach der Zeit kann auch wie folgt vorgenommen werden:

Die *Teilchenfluenz* Φ ist der Quotient von $\mathrm{d}N$ und $\mathrm{d}A$, wobei $\mathrm{d}N$ die Anzahl der Teilchen bedeutet, die senkrecht die Großkreisfläche $\mathrm{d}A$ einer Kugel durchsetzen:

$$\boxed{\Phi = \frac{\mathrm{d}N}{\mathrm{d}A}}. \qquad (2.6)$$

Der Differentialquotient der Teilchenfluenz nach der Zeit heißt *Teilchenflußdichte*

$$\varphi = \frac{\mathrm{d}\Phi}{\mathrm{d}t} = \frac{\mathrm{d}^2N}{\mathrm{d}A\, \mathrm{d}t}. \qquad (2.7)$$

Teilchenfluenz und Teilchenflußdichte werden in den SI-Einheiten Eins je Quadratmeter (m^{-2}) bzw. Eins je Quadratmeter und Sekunde ($m^{-2}\,s^{-1}$) gemessen.

Die *Energiefluenz* Ψ von Teilchen ist der Quotient von $\mathrm{d}W$ und $\mathrm{d}A$, wobei $\mathrm{d}W$ die Summe der Energien (ohne Ruhenergien) aller Teilchen ist, die senkrecht die Großkreisfläche $\mathrm{d}A$ einer Kugel durchsetzen:

$$\boxed{\Psi = \frac{\mathrm{d}W}{\mathrm{d}A}}. \tag{2.8}$$

Der Differentialquotient der Energiefluenz nach der Zeit heißt *Energieflußdichte*

$$\psi = \frac{\mathrm{d}\Psi}{\mathrm{d}t} = \frac{\mathrm{d}^2 W}{\mathrm{d}A\,\mathrm{d}t}. \tag{2.9}$$

Energiefluenz und Energieflußdichte werden in den SI-Einheiten Joule je Quadratmeter (Jm^{-2}) bzw. Watt je Quadratmeter (Wm^{-2}) gemessen.

Die *vektorielle Energiefluenz* $\boldsymbol{G}$ von Teilchen ist der Quotient von $\mathrm{d}\boldsymbol{E}$ und $\mathrm{d}A$, wobei $\mathrm{d}\boldsymbol{E}$ die Summe der Vektoren ($W\boldsymbol{\Omega}$) für alle Teilchen ist, die senkrecht die Großkreisfläche $\mathrm{d}A$ einer Kugel durchsetzen:

$$\boxed{\boldsymbol{G} = \frac{\mathrm{d}\boldsymbol{E}}{\mathrm{d}A}}. \tag{2.10}$$

Der Differentialquotient der vektoriellen Energiefluenz nach der Zeit heißt *vektorielle Energieflußdichte*

$$\boldsymbol{g} = \frac{\mathrm{d}\boldsymbol{G}}{\mathrm{d}t} = \frac{\mathrm{d}^2\boldsymbol{E}}{\mathrm{d}A\,\mathrm{d}t}. \tag{2.11}$$

Die anschauliche Bedeutung der skalaren Größen Teilchenfluenz Φ, Teilchenflußdichte φ, Energiefluenz Ψ und Energieflußdichte ψ kann man unmittelbar aus den Definitionen ablesen.

Zur Charakterisierung der Vektorgröße $\boldsymbol{G}$ wird das Skalarprodukt ($\boldsymbol{G}\, \mathrm{d}\boldsymbol{S}$) gebildet, wobei $\mathrm{d}\boldsymbol{S}$ ein gerichtetes Flächenelement ist. Dieses Produkt stellt den Energiebetrag dar, der durch das Flächenelement $\mathrm{d}\boldsymbol{S}$ transportiert wird. Somit gibt das Integral über eine geschlossene Fläche

$$-\iint\limits_{S} \boldsymbol{G}\, \mathrm{d}\boldsymbol{S} \tag{2.12}$$

den Nettoenergiefluß in das von S begrenzte Volumen V an. Das negative Vorzeichen zeigt an, daß der Oberflächenvektor $\mathrm{d}\boldsymbol{S}$ bei geschlossenen Flächen nach außen gerichtet ist.

2.4. Energieübertragung

Bei der Wechselwirkung zwischen ionisierender Strahlung und Materie erfolgt eine *Energieübertragung* auf das Material. Auf der Energieübertragung beruhen die physikalischen, chemischen und biologischen Wirkungen der ionisierenden Strahlung. In der Dosimetrie wird der wichtige Begriff der „übertragenen Energie" in folgender Weise definiert:

> Die durch ionisierende Strahlung auf das Material in einem Volumen innerhalb einer Zeitspanne *übertragene Energie* W_{D} ist die Summe W_{in} der Energien (ohne Ruhenergien) aller ionisierenden Teilchen, die in das Volumen eintreten, vermindert um die Summe W_{ex} der Energien (ohne Ruhenergien) aller ionisierenden Teilchen, die aus dem Volumen austreten, vermehrt um die Summe W_{Q} der Reaktions- und Umwandlungsenergien aller Kern- und Elementarteilchenprozesse, die während dieser Zeitspanne in diesem Volumen stattfinden:

$$\boxed{W_{\mathrm{D}} = W_{\mathrm{in}} - W_{\mathrm{ex}} + W_{\mathrm{Q}}}\,. \tag{2.13}$$

In die Beziehung (2.13) geht die Größe W_Q mit positivem oder negativem Vorzeichen ein, je nachdem, ob exotherme oder endotherme Kern- und Elementarteilchenprozesse vorliegen.

Direkt ionisierende Teilchen übertragen unmittelbar kinetische Energie auf die Atome des Wechselwirkungsmaterials, indirekt ionisierende Teilchen mittelbar über geladene Sekundärteilchen. Die übertragene Energie tritt als Anregungsenergie, Ionisierungsenergie und Änderung der Bindungsenergie der Atome in chemischen Verbindungen und Kristallgittern in Erscheinung.

Energieanteile ionisierender Teilchen, die bei der Auslösung von Kern- und Elementarteilchenreaktionen im betrachteten Volumen in Ruhmasse stabiler Kerne oder Elementarteilchen umgesetzt werden, liefern keinen Beitrag zur auf das Material übertragenen Energie.

2.5. Energiedosis

Die wichtigste physikalische Größe, die mit den Wirkungen der ionisierenden Strahlung in Beziehung gebracht wird, ist die Energiedosis. Ihre Bestimmung ist die Hauptaufgabe der Dosimetrie. Mit Hilfe des Begriffes der „übertragenen Energie" läßt sich übersichtlich formulieren, was unter der Energiedosis zu verstehen ist:

Die *Energiedosis* D ist der Quotient von $\mathrm{d}W_\mathrm{D}$ und $\mathrm{d}m$, wobei $\mathrm{d}W_\mathrm{D}$ die durch ionisierende Strahlung auf das Material in einem Volumenelement $\mathrm{d}V$ übertragene Energie und $\mathrm{d}m = \varrho\,\mathrm{d}V$ die Masse des Materials mit der Dichte ϱ in diesem Volumenelement sind:

$$\boxed{D = \frac{\mathrm{d}W_\mathrm{D}}{\mathrm{d}m} = \frac{1}{\varrho}\,\frac{\mathrm{d}W_\mathrm{D}}{\mathrm{d}V}}\,. \qquad (2.14)$$

Die SI-Einheit der Energiedosis[1]) ist das Joule je Kilogramm ($J\,kg^{-1}$). Diese Einheit trägt den eigenen Namen Gray (Kurzzeichen Gy). Es gilt

$$1\,\mathrm{Gy} = 1\,\mathrm{J\,kg^{-1}}. \quad (2.15)$$

Die *Energiedosisleistung* $\dot{D}$ ist der Differentialquotient der Energiedosis nach der Zeit

$$\dot{D} = \frac{\mathrm{d}D}{\mathrm{d}t}. \quad (2.16)$$

Die SI-Einheit der Energiedosisleistung ist

$$1\,\mathrm{Gy\,s^{-1}} = 1\,\mathrm{W\,kg^{-1}}. \quad (2.17)$$

Der für die Definition der Energiedosis D verwendete Begriff der durch ionisierende Strahlung übertragenen Energie W_D läßt sich mit Hilfe der vektoriellen Energiefluenz $\boldsymbol{G}$ näher ausführen. Die in einem Volumen V mit der Oberfläche S durch ionisierende Strahlung auf das Material der Dichte ϱ übertragene Energie W_D ist unter der Voraussetzung, daß sich in dem betrachteten Raumbereich keine Kern- und Elementarteilchenreaktionen ereignet haben, durch die Beziehung (2.12) gegeben. Somit erhält man die Gleichung

$$W_\mathrm{D} = \iiint_V D\varrho\,\mathrm{d}V = -\iint_S \boldsymbol{G}\,\mathrm{d}\boldsymbol{S}. \quad (2.18)$$

Durch Anwendung des Gaußschen Integralsatzes

$$-\iint_S \boldsymbol{G}\,\mathrm{d}\boldsymbol{S} = -\iiint_V \mathrm{div}\,\boldsymbol{G}\,\mathrm{d}V \quad (2.19)$$

ergibt sich

$$\iiint_V D\varrho\,\mathrm{d}V = -\iiint_V \mathrm{div}\,\boldsymbol{G}\,\mathrm{d}V. \quad (2.20)$$

---

[1]) Bisher wurde die spezielle Energiedosiseinheit Rad (Kurzzeichen rd) benutzt:

$1\,\mathrm{rd} = 10^{-2}\,\mathrm{J\,kg^{-1}} = 10\,\mathrm{mGy}$,
$1\,\mathrm{Gy} = 100\,\mathrm{rd}$.

In hinreichend kleinen Volumina sind die Größen D, $\boldsymbol{G}$ und ϱ als konstant anzusehen. Man gelangt somit zu der grundlegenden Beziehung zwischen Energiedosis D und vektorieller Energiefluenz $\boldsymbol{G}$:

$$\boxed{D = -\frac{1}{\varrho}\,\mathrm{div}\,\boldsymbol{G}}\,. \tag{2.21}$$

Diese fundamentale Gleichung bildet den Ausgangspunkt für die folgenden Betrachtungen.

2.6. Kerma und Bremsstrahlungsverlust

Strahlungsfelder bestehen aus geladenen Teilchen (Elektronen, α-Teilchen, Rückstoßkernen) und ungeladenen Teilchen (Photonen, Neutronen). Enthält die von der Strahlungsquelle ausgehende Primärstrahlung nur ungeladene Teilchen, so werden bei der Wechselwirkung mit dem bestrahlten Material (Photo-, Compton-, Paarbildungseffekt, Kernprozesse) geladene Teilchen freigesetzt. Umgekehrt erzeugen direkt ionisierende Teilchen im bestrahlten Material (Strahlungsbremsung, Kernprozesse) eine Komponente indirekt ionisierender Teilchen.

Es ist zweckmäßig, die Größen des Strahlungsfeldes in Komponenten für geladene und ungeladene Teilchen zu zerlegen. Bezeichnet $\boldsymbol{G}_{\mathrm{u}}$ die vektorielle Energiefluenz der ungeladenen Teilchen und $\boldsymbol{G}_{\mathrm{g}}$ die vektorielle Energiefluenz der geladenen Teilchen, dann läßt sich (2.21) in zwei Terme aufspalten:

$$D = -\frac{1}{\varrho}\,\mathrm{div}\,\boldsymbol{G}_{\mathrm{u}} - \frac{1}{\varrho}\,\mathrm{div}\,\boldsymbol{G}_{\mathrm{g}}\,. \tag{2.22}$$

Der erste Term dieser Gleichung kann mit Hilfe der beiden Größen Kerma K und Bremsstrahlungsverlust B dargestellt werden, die den Energieaustausch zwischen beiden Teilchengruppen beschreiben:

$$-\frac{1}{\varrho}\operatorname{div}\boldsymbol{G}_{\mathrm{u}} = K - B. \tag{2.23}$$

Im folgenden sollen die wichtigen Größen Kerma K (von kinetic energy released in material) und Bremsstrahlungsverlust B definiert werden.

Die *Kerma* K ist der Quotient von $\mathrm{d}W_{\mathrm{K}}$ und $\mathrm{d}m$, wobei $\mathrm{d}W_{\mathrm{K}}$ die Summe der kinetischen Anfangsenergien aller geladenen Teilchen, die durch indirekt ionisierende Teilchen in einem Volumenelement $\mathrm{d}V$ eines Materials der Dichte ϱ freigesetzt werden, und $\mathrm{d}m = \varrho\,\mathrm{d}V$ die Masse des Materials in diesem Volumenelement bedeuten:

$$\boxed{K = \frac{\mathrm{d}W_{\mathrm{K}}}{\mathrm{d}m} = \frac{1}{\varrho}\frac{\mathrm{d}W_{\mathrm{K}}}{\mathrm{d}V}}. \tag{2.24}$$

Der Differentialquotient der Kerma nach der Zeit heißt Kermaleistung.

Der *Bremsstrahlungsverlust* B ist der Quotient von $\mathrm{d}W_{\mathrm{B}}$ und $\mathrm{d}m$, wobei $\mathrm{d}W_{\mathrm{B}}$ die Summe der Energien aller ungeladenen Teilchen, die durch geladene Teilchen in einem Volumenelement $\mathrm{d}V$ eines Materials der Dichte ϱ entstehen, und $\mathrm{d}m = \varrho\,\mathrm{d}V$ die Masse des Materials in diesem Volumenelement bedeuten:

$$\boxed{B = \frac{\mathrm{d}W_{\mathrm{B}}}{\mathrm{d}m} = \frac{1}{\varrho}\frac{\mathrm{d}W_{\mathrm{B}}}{\mathrm{d}V}}. \tag{2.25}$$

Kerma und Bremsstrahlungsverlust werden im Internationalen Einheitensystem wie die Energiedosis in der Einheit

$$1\ \mathrm{Gy} = 1\ \mathrm{J\,kg^{-1}}$$

gemessen.

Die Gleichungen (2.22) und (2.23) bilden die Grundlage für die Formulierung allgemeiner Zusammenhänge zwischen Energiedosis und Strahlungsfeldgrößen sowie für die theoretische Begründung der Prinzipien der Dosimetrie.

2.7. *Ionisations- und Expositionsdosis*

Auf der Ionisation von Gasen, insbesondere von Luft, beruht das wichtigste Meßverfahren der Dosimetrie (s. 4.2.). Neben der Energiedosis haben daher die Größen Ionisationsdosis und Expositionsdosis Bedeutung erlangt, die unmittelbar mit der durch ionisierende Strahlung in Luft freigesetzten elektrischen Ladung verknüpft sind.

Die *Ionisationsdosis* J ist der Quotient von $\mathrm{d}Q$ und $\mathrm{d}m_\mathrm{L}$, wobei $\mathrm{d}Q$ die durch ionisierende Strahlung (außer Neutronen) in einem Luftvolumen $\mathrm{d}V$ direkt oder indirekt erzeugte elektrische Ladung der Ionen eines Vorzeichens und $\mathrm{d}m_\mathrm{L} = \varrho_\mathrm{L}\,\mathrm{d}V$ die Masse der Luft mit der Dichte ϱ_L im Volumenelement $\mathrm{d}V$ sind:

$$\boxed{J = \frac{\mathrm{d}Q}{\mathrm{d}m_\mathrm{L}} = \frac{1}{\varrho_\mathrm{L}}\frac{\mathrm{d}Q}{\mathrm{d}V}}\,. \tag{2.26}$$

Die SI-Einheit der Ionisationsdosis ist das Coulomb je Kilogramm (C kg^{-1}).

Die *Ionisationsdosisleistung* $\dot{J}$ ist der Differentialquotient der Ionisationsdosis nach der Zeit

$$\dot{J} = \frac{\mathrm{d}J}{\mathrm{d}t}\,. \tag{2.27}$$

Die SI-Einheit der Ionisationsdosisleistung ist das Ampere je Kilogramm (A kg^{-1}).

Die Ionisationsdosis kann als Ionisationsäquivalent der Energiedosis D_L in Luft aufgefaßt werden.

Der Zusammenhang zwischen Ionisationsdosis J und Energiedosis D_L in Luft wird durch den *mittleren Energieaufwand* $\overline{W}_i$ *zur Bildung eines Ionenpaares*

$$\boxed{\overline{W}_i = \frac{W}{N_i} = e_0 \frac{W}{Q}} \tag{2.28}$$

vermittelt. Hierin bedeuten: N_i die Anzahl der gebildeten Ionenpaare, W die Anfangsenergie des im Gas vollständig absorbierten geladenen Teilchens, das die Ionisation bewirkt, e_0 die Elementarladung, Q die Gesamtladung der Ionen eines Vorzeichens. In Tabelle 1 sind die $\overline{W}_i$-Werte für Elektronen und α-Teilchen in einigen Gasen zusammengestellt.

Tabelle 1

Mittlerer Energieaufwand $\overline{W}_i$ zur Bildung eines Ionenpaares für Elektronen und α-Teilchen in verschiedenen Gasen

Gas	Elektronen $\overline{W}_i$ in eV	α-Teilchen $\overline{W}_i$ in eV
H_2	36,6 ± 0,3	36,2 ± 0,2
N_2	34,6 ± 0,3	36,39 ± 0,04
O_2	30,8 ± 0,3	32,3 ± 0,1
CO_2	32,9 ± 0,3	34,1 ± 0,1
CH_4	27,3 ± 0,3	29,1 ± 0,1
Luft	33,73 ± 0,15	34,98 ± 0,05

Bei den in der Dosimetrie interessierenden Teilchenenergien kann der $\overline{W}_i$-Wert für ein bestimmtes Gas und eine bestimmte Teilchenart als nahezu konstant angesehen werden.

Zwischen der auf das Material in einem Volumen durch ionisierende Strahlung übertragenen Energie W_D und der in diesem Volumen erzeugten elektrischen Ladung Q besteht die Beziehung

$$W_D = \overline{W}_i \frac{Q}{e_0}. \tag{2.29}$$

Für den Zusammenhang zwischen Energiedosis D_L in Luft und Ionisationsdosis J gilt folglich

$$D_L = \frac{\overline{W}_i}{e_0} J. \tag{2.30}$$

Eine größere praktische Bedeutung als die Ionisationsdosis besitzt die von der ICRU ausschließlich für Photonenstrahlungsfelder eingeführte Dosisgröße „exposure", welche die deutsche Bezeichnung Expositionsdosis erhielt.

Die *Expositionsdosis* X ist der Quotient aus $\mathrm{d}Q$ und $\mathrm{d}m_L$, wobei $\mathrm{d}Q$ die Summe der elektrischen Ladungen aller in Luft erzeugten Ionen eines Vorzeichens ist, die von allen durch Photonen in einem Volumenelement Luft der Masse $\mathrm{d}m_L = \varrho_L \, \mathrm{d}V$ freigesetzten Sekundärelektronen gebildet werden, wenn diese vollständig in Luft der Dichte ϱ_L abgebremst werden:

$$\boxed{X = \frac{\mathrm{d}Q}{\mathrm{d}m_L} = \frac{1}{\varrho_L} \frac{\mathrm{d}Q}{\mathrm{d}V}}\,. \tag{2.31}$$

In $\mathrm{d}Q$ ist die Ionisation infolge der Absorption der von Sekundärelektronen emittierten Bremsstrahlung nicht enthalten.

Der Differentialquotient der Expositionsdosis nach der Zeit heißt *Expositionsdosisleistung* $\dot{X}$:

$$\dot{X} = \frac{\mathrm{d}X}{\mathrm{d}t}. \tag{2.32}$$

Die SI-Einheiten von Expositionsdosis[1]) und Expositionsdosisleistung sind das Coulomb je Kilogramm ($\mathrm{C\,kg^{-1}}$) bzw. das Ampere je Kilogramm ($\mathrm{A\,kg^{-1}}$).

---

[1]) Bisher wurde die spezielle Expositionsdosiseinheit Röntgen (Kurzzeichen R) benutzt:

$1\,\mathrm{R} = 2{,}58 \cdot 10^{-4}\,\mathrm{C\,kg^{-1}}$,

$1\,\mathrm{C\,kg^{-1}} = 3{,}876\,\mathrm{kR}$.

Die Expositionsdosis kann auch mit Hilfe der Beziehung

$$X = \frac{e_0}{\overline{W}_1} (K - B_X) \tag{2.33}$$

definiert werden. Dabei sind $\overline{W}_1$ der mittlere Energieaufwand zur Bildung eines Ionenpaares in Luft, e_0 die Elementarladung, K die Photonenkerma und B_X ein modifizierter Bremsstrahlungsverlust. Letzterer ergibt sich aus der Definitionsgleichung (2.25), wenn $\mathrm{d}W_\mathrm{B}$ durch die Größe $\mathrm{d}W_{\mathrm{B}X}$ ersetzt wird. In $\mathrm{d}W_{\mathrm{B}X}$ sind alle Energiebeträge zusammengefaßt, die den in einem Volumenelement $\mathrm{d}V$ in Luft freigesetzten Sekundärelektronen bei ihrer vollständigen Absorption infolge Strahlungsbremsung verlorengehen. Im allgemeinen spielt B_X nur die Rolle eines Korrektionsgliedes, so daß die Expositionsdosis als Ionisationsäquivalent der Kerma in Luft aufgefaßt werden kann.

Literatur zu Kapitel 2.

[1, 2, 5, 9, 17, 19, 22, 23, 25, 35, 36, 38, 43, 49, 53, 65, 85]

3. Prinzipien der Dosimetrie

3.1. Sondenmethode

Während sich die Ionisations- und Expositionsdosis unmittelbar aus der in einem Luftvolumen freigesetzten elektrischen Ladung ergeben, ist man bei der Ermittlung der Energiedosis auf Strahlungseffekte in Substanzen angewiesen, die dosisabhängige Meßwerte liefern. Nur in Ausnahmefällen findet im bestrahlten Material, in dem die Energiedosis bestimmt werden soll, selbst eine geeignete Strahlungsreaktion statt. Es ist daher notwendig, über Strahlungsreaktionen in anderen Stoffen, die man an die interessierende Stelle im Strahlungsfeld bringt, auf die Energiedosis in dem betreffenden Material zu schließen.

Aus diesem Grunde wurde die *Sondenmethode* entwickelt (Abb. 2). Unter einer Sonde versteht man ein Meßvolumen, das von einer Substanz (Gas, Flüssigkeit, Festkörper) ausgefüllt ist, in der bei Einwirkung ionisierender Strahlung ein gut meßbarer Effekt erzeugt wird. Die Sonde bringt man an den interessierenden Ort $\boldsymbol{r}$ im Material, in dessen Umgebung die zu bestimmende Dosisgröße räumlich konstant ist. Aus dem von der Sonde gelieferten Meßwert kann man unter gewissen Bedingungen verhältnismäßig einfach auf die Energiedosis D_{M} schließen, die bei Abwesenheit der Sonde am Ort $\boldsymbol{r}$ im Material erzeugt würde.

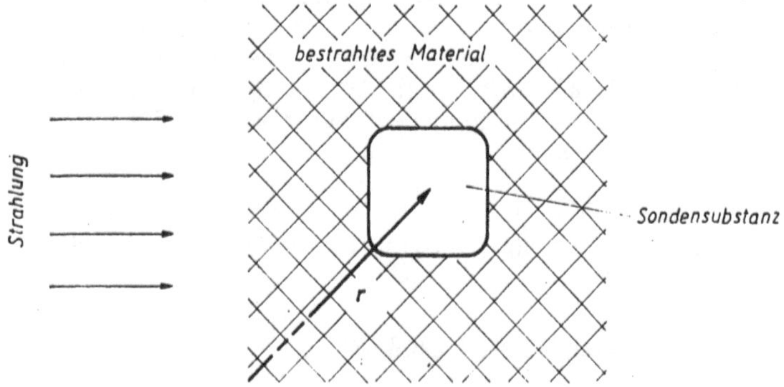

Abb. 2. Zur Veranschaulichung der Sondenmethode

Als Sondensubstanz ist prinzipiell jeder Stoff geeignet, der bei Einwirkung ionisierender Strahlung dosisproportionale Meßwerte liefert. In Kapitel 4. wird ein Überblick über die in der Dosimetrie genutzten Strahlungsreaktionen und Sondensubstanzen gegeben. Der Zusammenhang zwischen der Energiedosis D_{M} in einem bestimmten Material und dem Meßwert M der Sonde ist durch die *Meßempfindlichkeit* ε gegeben:

$$\varepsilon = \frac{M}{D_{\mathrm{M}}} = \varepsilon' \frac{\overline{D}_{\mathrm{S}}}{D_{\mathrm{M}}}. \qquad (3.1)$$

Hierin bedeuten

$$\varepsilon' = \frac{M}{\overline{D}_S} \tag{3.2}$$

die *Eigenempfindlichkeit* der Sonde und $\overline{D}_S$ die über das Sondenvolumen gemittelte Energiedosis.

Durch das Einbringen der Sonde wird am Meßort $\boldsymbol{r}$ im Material eine Inhomogenität bezüglich der Ortsabhängigkeit der für die Energieübertragung maßgebenden Wechselwirkungskoeffizienten erzeugt, so daß sich eine inhomogene Verteilung der Energiedosis D_S in der Sondensubstanz einstellt (s. 3.3. und 3.5.).

Für den Sonderfall der Identität von bestrahltem Material und Sondensubstanz gilt $\overline{D}_S = D_M$, d. h., Meßempfindlichkeit ε und Eigenempfindlichkeit ε' stimmen überein.

Erschwerend für die Ermittlung der Energiedosis ist der Umstand, daß die Meßempfindlichkeit jeder Sonde mehr oder weniger stark von der Art und Energie der am Meßort im Strahlungsfeld enthaltenen geladenen und ungeladenen Teilchen abhängt.

Proportionalität zwischen Energiedosis und Meßwert existiert nur unter konstanten Bestrahlungsbedingungen.

Die Abhängigkeit des Quotienten $\overline{D}_S/D_M$ von der Strahlungsqualität wird maßgeblich von der Sondengröße und den effektiven Ordnungszahlen Z_{eff}[1]) von Sondensubstanz und Material beeinflußt. Auch die Eigenempfindlichkeit ε' kann merklich von der Art der geladenen Teilchen, die Energie auf die Sondensubstanz übertragen, abhängen. Die ermittelten Energiedosen

---

[1]) Berechnung der effektiven Ordnungszahl einer Verbindung nach

$$Z_{eff} = \sqrt[3]{\frac{\sum_i n_i Z_i^4}{\sum_i n_i Z_i}}$$

(n_i – Anteil der Atomzahl des Elementes i an der Gesamtatomzahl der Verbindung).

sind daher mehr oder weniger stark fehlerbehaftet, wenn das Strahlungsfeld nicht die Bedingungen erfüllt, unter denen die Meßempfindlichkeit bestimmt worden ist. Insbesondere in gemischten Strahlungsfeldern stellt die Empfindlichkeitsbestimmung eine sehr komplizierte Aufgabe dar.

In der praktischen Dosimetrie sind zwei Sonderfälle von ausschlaggebender Bedeutung.

Die Berechnung der Meßempfindlichkeit ε vereinfacht sich erheblich, wenn am Meßort und in der Sonde entweder *Sekundärteilchengleichgewicht* (s. 3.2. und 3.3.) herrscht oder wenn die *Bragg-Gray-Bedingungen* (s. 3.4.) erfüllt sind.

Die Meßempfindlichkeit einer *Gleichgewichtssonde* hängt nur vom Energiespektrum der Primärteilchen (einer Art) ab, während für die Meßempfindlichkeit einer *Bragg-Gray-Sonde* allein die Energie der im Strahlungsfeld enthaltenen geladenen Teilchen (einer Art) maßgebend ist. Durch geeignete Wahl der Sondensubstanz kann erreicht werden, daß die Meßempfindlichkeit näherungsweise von der Teilchenenergie unabhängig ist. In diesen Fällen führt die Energiedosisbestimmung in einem Strahlungsfeld mit unbekanntem Energiespektrum zu einem vertretbaren Fehler.

3.2. Sekundärteilchengleichgewicht

Das *Sekundärteilchengleichgewicht* stellt den wichtigsten Sonderfall dar, für den sich die allgemeingültigen Beziehungen (2.22) und (2.23) weiter auswerten lassen. Die Berechnung der Empfindlichkeit von Sonden (*Gleichgewichtssonden*) wird dadurch erheblich vereinfacht. Außerdem spielt das Sekundärteilchengleichgewicht bei der Messung der Expositionsdosis eine entscheidende Rolle.

In einem Strahlungsfeld herrscht am Ort $\boldsymbol{r}$ Sekundärteilchengleichgewicht, wenn die vektorielle Energiefluenz $\boldsymbol{G}_g(\boldsymbol{r})$ der durch die Primärteilchen freigesetzten geladenen Sekundärteilchen die Beziehung

$$\operatorname{div} \boldsymbol{G}_g(\boldsymbol{r}) = 0 \tag{3.3}$$

erfüllt.

Gleichung (3.3) besagt, daß die Summe der kinetischen Energien aller in ein Volumenelement am Ort $\boldsymbol{r}$ eintretenden geladenen Sekundärteilchen gleich der Summe der kinetischen Energien aller aus diesem Volumenelement austretenden Sekundärteilchen ist.

Sekundärteilchengleichgewicht liegt am Ort $\boldsymbol{r}$ vor, wenn

a) die Fluenz, das Energiespektrum und die Richtungsverteilung der Primärteilchen und
b) die Wechselwirkungskoeffizienten Strahlung—Stoff (Massen-Energieabsorptionskoeffizient bzw. Massen-Bremsvermögen) für Primär- und Sekundärteilchen

in dem Gebiet räumlich konstant sind, aus dem geladene Sekundärteilchen in das Volumenelement am Ort $\boldsymbol{r}$ gelangen können.

Massen-Energieabsorptionskoeffizient (s. (3.7)) und Massen-Bremsvermögen (s. (3.16)) hängen von der atomaren Zusammensetzung des durchstrahlten Materials ab. Das Massen-Bremsvermögen ist außerdem geringfügig von der Dichte abhängig (Dichteeffekt). Bei den in der Dosimetrie interessierenden Teilchenenergien kann dieser Einfluß jedoch meist vernachlässigt werden. Sekundärteilchengleichgewicht kann daher in Materialien homogener atomarer Zusammensetzung, aber ortsabhängiger Dichte (z. B. an der Grenzfläche Polyethylen—Ethylen), verwirklicht sein. Diese Tatsache gründet sich auf ein von Fano bewiesenes Theorem. Das Fano-*Theorem* besagt:

Sind in einem Material homogener atomarer Zusammensetzung Fluenz, Energiespektrum und Richtungsverteilung der Primärstrahlung räumlich konstant, so sind die Fluenz, das Energiespektrum und die Richtungsverteilung der Sekundärstrahlung ebenfalls konstant und unabhängig von der Dichte des Materials.

Bei homogener Dichte des durchstrahlten Materials wird das in den Bedingungen für Sekundärteilchengleichgewicht gekennzeichnete Raumgebiet durch eine Kugelfläche begrenzt, wobei der Kugelradius gleich der maximalen Reichweite der Sekundärteilchen ist. Liegt am Kugelmittelpunkt Sekundärteilchengleichgewicht vor, so sind die Anzahl der je Volumenelement freigesetzten Sekundärteilchen, das Spektrum der kinetischen Anfangsenergien und die anfängliche Richtungsverteilung der Sekundärteilchen mindestens innerhalb des Kugelvolumens konstant.

Bedingung a) für das Sekundärteilchengleichgewicht läßt sich exakt nur durch gleichmäßige Verteilung einer radioaktiven Substanz in einem unendlich ausgedehnten Material erfüllen. Fällt jedoch die Primärstrahlung von außen in das Material ein, so tritt mit wachsender Eindringtiefe eine mehr oder weniger starke Schwächung der Teilchenfluenz auf. Im allgemeinen ändern sich außerdem die Energie- und Richtungsverteilung der Primärteilchen. Sekundärteilchengleichgewicht kann allein dann näherungsweise verwirklicht sein, wenn sich das Primärstrahlungsfeld innerhalb eines Raumbereiches, dessen Abmessungen mit der maximalen Reichweite der Sekundärteilchen vergleichbar sind, nur geringfügig verändert. In der Dosimetrie spricht man von erfülltem Sekundärteilchengleichgewicht, wenn die Schwächungslänge $\frac{1}{\mu}$ (μ — linearer Schwächungskoeffizient) bzw. die Reichweite der Primärteilchen wenigstens 10mal so groß wie die mittlere Reichweite der Sekundärteilchen ist.

In Abbildung 3 sind die Massen-Schwächungslänge $\frac{\varrho}{\mu}$ von Photonen und die mittlere Massen-Reichweite $\bar{R}_\varrho$

von Elektronen in Wasser in Abhängigkeit von der Teilchenenergie dargestellt. Man erkennt, daß bis zu Energien von ungefähr 3 MeV die Massen-Schwächungslänge monoenergetischer Photonen um mehr als den Faktor 10 größer ist als die mittlere Reichweite von Elektronen derselben Energie, die gleichzeitig die maximale Energie der von der γ-Strahlung erzeugten Sekundärelektronen ist.

Für Photonen, die durch Photo-, Compton- und Paarbildungseffekt Sekundärelektronen freisetzen, läßt sich

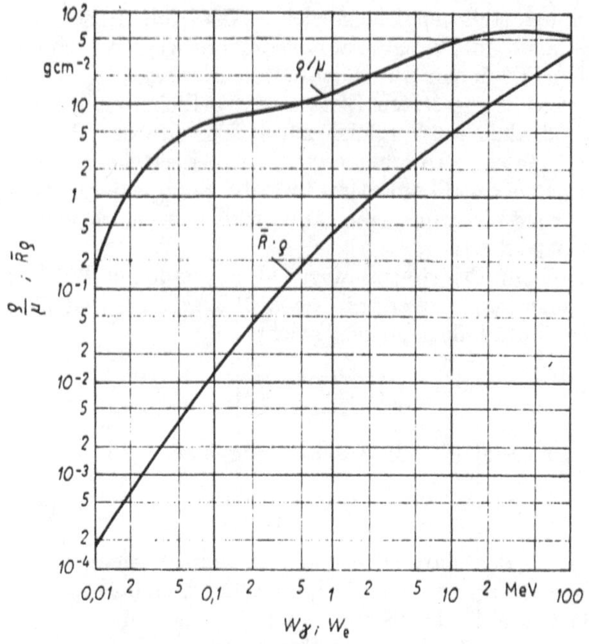

Abb. 3. Massen-Schwächungslänge $\frac{\varrho}{\mu}$ von Photonen und mittlere Massen-Reichweite $\bar{R}\varrho$ von Elektronen in Wasser in Abhängigkeit von der Teilchenenergie (nach [17])

daher *Sekundärelektronengleichgewicht* in Luft, Wasser und Materialien mit vergleichbarer effektiver Ordnungszahl bis zu Photonenenergien von ca. 3 MeV verwirklichen. Innerhalb dieses Bereichs liegen die Energien konventioneller Röntgenstrahlung und die Energien der Gammastrahlung nahezu sämtlicher radioaktiver Nuklide.

In biologischem Gewebe, das mit Neutronen bestrahlt wird, kann Gleichgewicht für die geladenen Sekundärteilchen (in erster Linie Rückstoßprotonen) bei allen in der praktischen Dosimetrie interessierenden Neutronenenergien vorliegen.

Sekundärteilchengleichgewicht läßt sich näherungsweise auch in Primärstrahlungsfeldern von Elektronen erfüllen, in denen die Reichweiten der bei Ionisationsprozessen freigesetzten Elektronen (δ-Elektronen) überwiegend klein im Vergleich zur Reichweite der Primärelektronen sind. Durch energiereiche δ-Elektronen, deren Energie maximal halb so groß wie die Energie des stoßenden Primärelektrons sein kann, wird das Gleichgewicht gestört (s. 3.4.).

In einem Primärstrahlungsfeld ungeladener Teilchen (Photonen, Neutronen) gilt nach (2.22), (2.23) und (3.3) bei Sekundärteilchengleichgewicht

$$\boxed{D = K - B}\,. \tag{3.4}$$

Vernachlässigt man die Strahlungsbremsung, so folgt:

$$D = K\,. \tag{3.5}$$

Die auf das Material in einem Volumenelement übertragene Energie ist bei erfülltem Sekundärteilchengleichgewicht gleich der Summe der kinetischen Anfangsenergien aller in diesem Volumenelement freigesetzten geladenen Sekundärteilchen, obwohl diese dort nicht vollständig absorbiert werden.

Die Energieübertragung von ungeladenen auf geladene

Teilchen innerhalb eines Massenelementes wird durch den Massen-Energieumwandlungskoeffizienten $\frac{\mu_{tr}}{\varrho}$ beschrieben.

Der *Massen-Energieumwandlungskoeffizient* $\frac{\mu_{tr}}{\varrho}$ eines Materials für indirekt ionisierende Strahlung ist der Quotient von dW_k und dem Produkt von $W\varrho$ und dl, wobei W die Summe der kinetischen Energien der indirekt ionisierenden Teilchen, die senkrecht in eine Schicht der Dicke dl und der Dichte ϱ eintreten, und dW_k die Summe der kinetischen Anfangsenergien aller in dieser Schicht freigesetzten geladenen Teilchen bedeuten:

$$\frac{\mu_{tr}}{\varrho} = \frac{1}{W\varrho} \frac{dW_k}{dl}. \tag{3.6}$$

Die Größe $\frac{\mu_{tr}}{\varrho}$ hängt vom Energiespektrum der indirekt ionisierenden Teilchen ab. Mit Hilfe des Massen-Energieumwandlungskoeffizienten läßt sich die Kerma K aus der Energiefluenz Ψ der indirekt ionisierenden Teilchen berechnen:

$$K = \frac{\mu_{tr}}{\varrho} \Psi. \tag{3.7}$$

Zur Berücksichtigung des Bremsstrahlungsverlustes B wird der Massen-Energieumwandlungskoeffizient korrigiert und der *Massen-Energieabsorptionskoeffizient* eingeführt:

$$\frac{\mu_{en}}{\varrho} = \frac{\mu_{tr}}{\varrho} (1 - b). \tag{3.8}$$

Hierbei ist b das Verhältnis der Gesamtenergie, die alle in einem Massenelement freigesetzten geladenen Sekundärteilchen bei vollständiger Absorption durch Strahlungsbremsung verlieren, zur Summe der kinetischen Anfangsenergien dieser Sekundärteilchen. In Tabelle 2 sind für einige Elemente und Materialien Werte von μ_{en}/ϱ in Abhängigkeit von der Photonenenergie zusammengestellt.

Bei Sekundärteilchengleichgewicht ist die innerhalb des Massenelements durch Strahlungsbremsung umgesetzte Energie gleich der Summe der Energiebeträge, die von allen im Massenelement erzeugten geladenen Sekundärteilchen bei vollständiger Absorption in Form von Bremsstrahlung abgegeben werden. Nach (3.7) und (3.8) gilt für Sekundärteilchengleichgewicht

$$K - B = \frac{\varphi_{en}}{\varrho} \Psi. \tag{3.9}$$

Mit Hilfe dieser Gleichung erhält man unter Berücksichtigung von (3.4) die für die Dosimetrie außerordentlich wichtige Beziehung

$$D = \frac{\mu_{en}}{\varrho} \Psi. \tag{3.10}$$

Die Gleichung (3.10) bildet die Grundlage für die Berechnung der Meßempfindlichkeit von Gleichgewichtssonden. Da Sekundärteilchengleichgewicht in der Praxis nie vollständig verwirklicht ist, kann die Energiedosis mit (3.10) stets nur näherungsweise berechnet werden. Die erzielten Genauigkeiten sind jedoch für die meisten Anwendungsfälle ausreichend.

3.3. Gleichgewichtssonden

Gleichgewichtssonden spielen in der Dosimetrie indirekt ionisierender Teilchen (Photonen, Neutronen) eine wichtige Rolle. Sie werden insbesondere in der Photonendosimetrie zur Bestimmung der Energie- und Expositionsdosis eingesetzt.

Eine *Gleichgewichtssonde* liegt dann vor, wenn mit Ausnahme einer Randzone im gesamten Sondenvolumen Gleichgewicht geladener Sekundärteilchen herrscht. Es

Tabelle 2

Massen-Energieabsorptionskoeffizient $\frac{\mu_{en}}{\varrho}$ in $\frac{cm^2}{g}$ für einige Elemente und Materialien als Funktion der Photoenergie W_γ

W_γ in MeV	H	C	N	O	Luft	H_2O	Knochen	Muskel	PMMA $C_5H_8O_2$	LiF
0,010	0,0099	1,94	3,42	5,50	4,66	4,89	19,0	4,96	2,92	5,76
0,015	0,0110	0,517	0,916	1,49	1,29	1,32	5,89	1,36	0,788	1,60
0,020	0,0133	0,203	0,360	0,587	0,516	0,523	2,51	0,544	0,311	0,633
0,030	0,0186	0,0592	0,102	0,163	0,147	0,147	0,743	0,154	0,0892	0,174
0,040	0,0230	0,0306	0,0465	0,0700	0,0640	0,0647	0,305	0,0677	0,0426	0,0742
0,050	0,0270	0,0226	0,0299	0,0410	0,0384	0,0394	0,158	0,0409	0,0288	0,0420
0,060	0,0305	0,0203	0,0244	0,0304	0,0292	0,0304	0,0979	0,0312	0,0243	0,0311
0,080	0,0362	0,0201	0,0218	0,0239	0,0236	0,0253	0,0520	0,0255	0,0226	0,0236
0,10	0,0406	0,0213	0,0222	0,0232	0,0231	0,0252	0,0386	0,0252	0,0235	0,0221
0,15	0,0485	0,0246	0,0249	0,0252	0,0251	0,0278	0,0304	0,0276	0,0267	0,0231
0,20	0,0530	0,0267	0,0267	0,0271	0,0268	0,0300	0,0302	0,0297	0,0289	0,0248
0,30	0,0573	0,0288	0,0289	0,0289	0,0288	0,0320	0,0311	0,0317	0,0311	0,0267
0,40	0,0587	0,0295	0,0296	0,0296	0,0296	0,0329	0,0316	0,0325	0,0319	0,0276
0,50	0,0589	0,0297	0,0297	0,0297	0,0297	0,0330	0,0316	0,0327	0,0320	0,0276
0,60	0,0588	0,0296	0,0296	0,0296	0,0296	0,0329	0,0315	0,0326	0,0319	0,0274
0,80	0,0573	0,0289	0,0289	0,0289	0,0289	0,0321	0,0306	0,0318	0,0311	0,0267

Tabelle 2 (Fortsetzung)

W_γ in MeV	H	C	N	O	Luft	H_2O	Knochen	Muskel	PMMA $C_5H_8O_2$	LiF
1,0	0,0555	0,0279	0,0280	0,0280	0,0280	0,0311	0,0297	0,0308	0,0301	0,0258
1,5	0,0507	0,0255	0,0255	0,0255	0,0255	0,0283	0,0270	0,0281	0,0275	0,0235
2,0	0,0464	0,0234	0,0234	0,0234	0,0234	0,0260	0,0248	0,0257	0,0252	0,0217
3,0	0,0398	0,0204	0,0205	0,0206	0,0205	0,0227	0,0219	0,0225	0,0220	0,0205
4,0	0,0351	0,0184	0,0186	0,0187	0,0186	0,0205	0,0199	0,0203	0,0198	0,0183
5,0	0,0316	0,0170	0,0172	0,0174	0,0173	0,0190	0,0186	0,0188	0,0183	0,0161
6,0	0,0288	0,0160	0,0162	0,0166	0,0163	0,0180	0,0178	0,0178	0,0172	0,0180
8,0	0,0249	0,0145	0,0148	0,0154	0,0150	0,0165	0,0165	0,0163	0,0156	0,0141
10,0	0,0222	0,0137	0,0142	0,0147	0,0144	0,0155	0,0159	0,0154	0,0147	0,0136

wird darüber hinaus gefordert, daß die durch Wechselwirkung mit dem Sondenmaterial bedingten Veränderungen des Primärstrahlungsfeldes innerhalb des Sondenvolumens vernachlässigbar klein sind (z. B. Schwächung der Energiefluenz $< 10\%$).

Liegt am Meßort innerhalb des bestrahlten Materials (bei Abwesenheit der Sonde) ebenfalls Sekundärteilchengleichgewicht vor, so gilt nach (3.10) für den Quotienten von Energiedosis D_S in der Gleichgewichtssonde und Energiedosis D_M im bestrahlten Material

$$\boxed{\frac{D_S}{D_M} = \frac{\Psi \left(\frac{\mu_{en}}{\varrho}\right)_S}{\Psi \left(\frac{\mu_{en}}{\varrho}\right)_M} = \frac{\left(\frac{\mu_{en}}{\varrho}\right)_S}{\left(\frac{\mu_{en}}{\varrho}\right)_M}}\,. \tag{3.11}$$

Die Energiedosis in der Gleichgewichtssonde verhält sich zur Energiedosis im bestrahlten Material wie der Massen-Energieabsorptionskoeffizient $\left(\frac{\mu_{en}}{\varrho}\right)_S$ der Sondensubstanz zum Massen-Energieabsorptionskoeffizient $\left(\frac{\mu_{en}}{\varrho}\right)_M$ des bestrahlten Materials.

Mit Hilfe von (3.11) kann bei bekannter Eigenempfindlichkeit ε' der Sonde die zu bestimmende Energiedosis D_M aus dem Meßwert M der Gleichgewichtssonde berechnet werden. Für die Meßempfindlichkeit ε einer Gleichgewichtssonde gilt nach (3.1) und (3.11)

$$\varepsilon = \varepsilon' \frac{\left(\frac{\mu_{en}}{\varrho}\right)_S}{\left(\frac{\mu_{en}}{\varrho}\right)_M}. \tag{3.12}$$

Bei unterschiedlicher atomarer Zusammensetzung von Sondensubstanz und bestrahltem Material kann Sekundärteilchengleichgewicht innerhalb der Sonde nur an den Orten verwirklicht sein, deren Abstand zur Begrenzungsfläche der Sonde mindestens gleich der maximalen Reichweite der Sekundärteilchen im Sondenmaterial ist. In Abbildung 4 ist der Verlauf der Energiedosis als Funktion einer durch das Sondenvolumen gelegten Wegkoordinate x schematisch dargestellt. Auf Grund der unterschiedlichen Massen-Energieabsorptionskoeffizienten von bestrahltem Material und Sondensubstanz ändert sich die Energiedosis auf einer Wegstrecke, deren Länge gleich der Summe $R_S + R_M$ der maximalen Reichweiten der Sekundärteilchen in Sondensubstanz und bestrahltem Material ist, sprunghaft von D_M auf D_S.

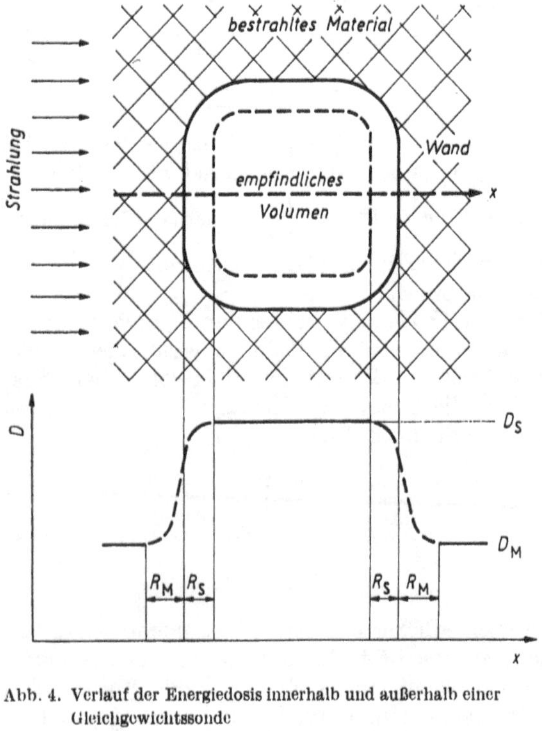

Abb. 4. Verlauf der Energiedosis innerhalb und außerhalb einer Gleichgewichtssonde

Die Meßempfindlichkeit kann nur dann mit Hilfe von (3.12) berechnet werden, wenn ausschließlich der Teil des Sondenvolumens zum Meßwert beiträgt, in dem Sekundärteilchengleichgewicht herrscht bzw. in dem die Energiedosis konstant ist. Das empfindliche Volumen einer Gleichgewichtssonde muß daher von einer Wand umgeben sein, deren Dicke mindestens gleich der maximalen Reichweite der Sekundärteilchen im Wandmaterial ist, wobei das Wandmaterial die gleiche effektive Ordnungszahl wie die Meßsubstanz im empfindlichen Volumen besitzen muß. In der Ionisationsdosimetrie werden Kammern mit luftäquivalenten Wänden gebaut. In der Festkörperdosimetrie ist es vorteilhaft, Wandmaterial zu verwenden, das mit der Meßsubstanz identisch ist.

Die Meßempfindlichkeit einer Gleichgewichtssonde hängt vom Energiespektrum der Primärstrahlung ab. Dafür ist in erster Linie die Energieabhängigkeit des Quotienten $\left(\frac{\mu_{\text{en}}}{\varrho}\right)_{\text{S}} : \left(\frac{\mu_{\text{en}}}{\varrho}\right)_{\text{M}}$ verantwortlich. Da die Massen-Energieabsorptionskoeffizienten von Materialien mit unterschiedlicher Ordnungszahl in ähnlicher Weise von der Primärstrahlungsenergie abhängen, ist die Energieabhängigkeit der Meßempfindlichkeit nicht so stark ausgeprägt wie die der Massen-Energieabsorptionskoeffizienten selbst. Zur Charakterisierung der Energieabhängigkeit einer Gleichgewichtssonde ist es üblich, die *relative Meßempfindlichkeit* ε_{rel} als Funktion der Primärteilchenenergie W anzugeben. Für monoenergetische Primärstrahlung gilt:

$$\varepsilon_{\text{rel}}(W) = \frac{\varepsilon(W)}{\varepsilon(W^*)}. \tag{3.13}$$

Die relative Meßempfindlichkeit ist der Quotient von Meßempfindlichkeit $\varepsilon(W)$ bei der Energie W und Meßempfindlichkeit $\varepsilon(W^*)$ bei einer willkürlich festgelegten Energie W^*. Unter der Voraussetzung, daß die Eigenempfindlichkeit einer Sonde nicht von der Art und der

Energie der Teilchen abhängt, die Strahlungsenergie auf das Sondenmaterial übertragen, gilt für die relative Meßempfindlichkeit einer Gleichgewichtssonde

$$\varepsilon_{\text{rel}}(W) = \frac{\left(\frac{\mu_{\text{en}}(W)}{\varrho}\right)_{\text{S}}}{\left(\frac{\mu_{\text{en}}(W)}{\varrho}\right)_{\text{M}}} : \frac{\left(\frac{\mu_{\text{en}}(W^*)}{\varrho}\right)_{\text{S}}}{\left(\frac{\mu_{\text{en}}(W^*)}{\varrho}\right)_{\text{M}}} . \tag{3.14}$$

In Photonenstrahlungsfeldern erfolgt die Energieübertragung auf das Sondenmaterial ausschließlich durch Sekundärelektronen. Die Abhängigkeit der Eigenempfindlichkeit vom Sekundärelektronenspektrum (das selber vom Photonenenergiespektrum abhängt) kann in den meisten Fällen vernachlässigt werden, so daß sich die relative Meßempfindlichkeit mit Hilfe von (3.14) berechnen läßt. Durch Angleichung der effektiven Ordnungszahlen von Sondensubstanz und bestrahltem Material wird erreicht, daß die relative Meßempfindlichkeit über den gesamten Photonenenergiebereich, in dem sich Sekundärelektronengleichgewicht verwirklichen läßt, nahezu konstant ist. In diesem Fall zeigt die Sonde bei entsprechender Kalibrierung die Energiedosis unabhängig vom Photonenenergiespektrum mit einem vertretbaren Fehler an. Läßt sich die Energiedosis aus einem einzigen Meßwert ohne weitere Information über das Strahlungsfeld bestimmen, so kann die Sonde als *Dosimeter* bezeichnet werden.

Abbildung 5 zeigt die nach (3.14) berechneten relativen Meßempfindlichkeiten von LiF, Wasser und Polymethylmethacrylat (PMMA = $C_5H_8O_2$), bezogen auf Muskelgewebe, in Abhängigkeit von der Photonenenergie. Als Bezugsenergie W^* wurde die Energie der ^{60}Co-Gammastrahlung (1,25 MeV) gewählt. LiF verhält sich, bezogen auf Muskelgewebe, als überschwellige Sondensubstanz (Überschwelligkeit: $\varepsilon_{\text{rel}} > 1$). Wasser und PMMA sind unterschwellige Sondensubstanzen (Unterschwelligkeit: $\varepsilon_{\text{rel}} < 1$). Gilt $\varepsilon_{\text{rel}} = \text{const} = 1$, so spricht man von *Materialäquivalenz*. Materialäquivalenz liegt vor, wenn die effektiven Ordnungszahlen von Sondenmaterial und bestrahltem Material übereinstimmen.

Eine für die γ-Energieabhängigkeit überschwelliger Sondensubstanzen charakteristische Größe ist der Maximalwert der relativen Meßempfindlichkeit $\varepsilon_{rel,max}$, der bei Photonenenergien < 0,1 MeV auftritt. Erfolgt die Kalibrierung einer Sonde bei der Energie W^*, so stellt $\varepsilon_{rel,max}$ den Faktor der größtmöglichen Überbewertung der Energiedosis bei Messungen in Strahlungsfeldern mit unbekanntem Photonenenergiespektrum dar.

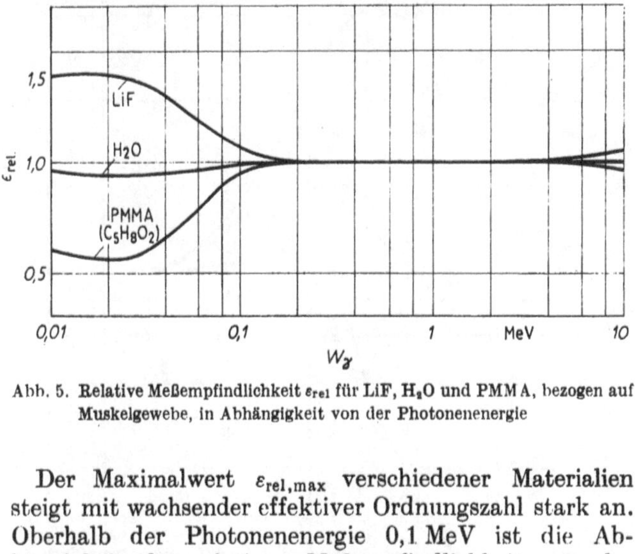

Abb. 5. **Relative Meßempfindlichkeit ε_{rel} für LiF, H_2O und PMMA, bezogen auf Muskelgewebe, in Abhängigkeit von der Photonenenergie**

Der Maximalwert $\varepsilon_{rel,max}$ verschiedener Materialien steigt mit wachsender effektiver Ordnungszahl stark an. Oberhalb der Photonenenergie 0,1 MeV ist die Abhängigkeit der relativen Meßempfindlichkeit von der effektiven Ordnungszahl nur noch sehr gering. Auch für Sondensubstanzen, deren effektive Ordnungszahlen wesentlich größer sind als die von LiF oder Muskelgewebe (z. B. CaF_2, $CaSO_4$, Photoemulsionen usw.), ist für Photonenenergien > 0,1 MeV ε_{rel} näherungsweise gleich 1.

Die γ-Energieabhängigkeit einer Sonde läßt sich, wohlgemerkt, nur dann mit (3.14) berechnen, wenn für alle Photonenenergien die Bedingungen für Gleichgewichtssonden erfüllt sind. Bei Sonden mit festliegenden Abmessungen ist Sekundärelektronengleichgewicht nur bis zu der Photonenergie verwirklicht, bei der die maximale Reichweite der Sekundärelektronen im Wandmaterial gleich der Wanddicke ist. Mit sinkender Photonenenergie wird die Energiefluenz der Photonen in der Wand und im empfindlichen Volumen zunehmend geschwächt. Bei Wandstärken, die bis zu 3 MeV Photonenenergie zur

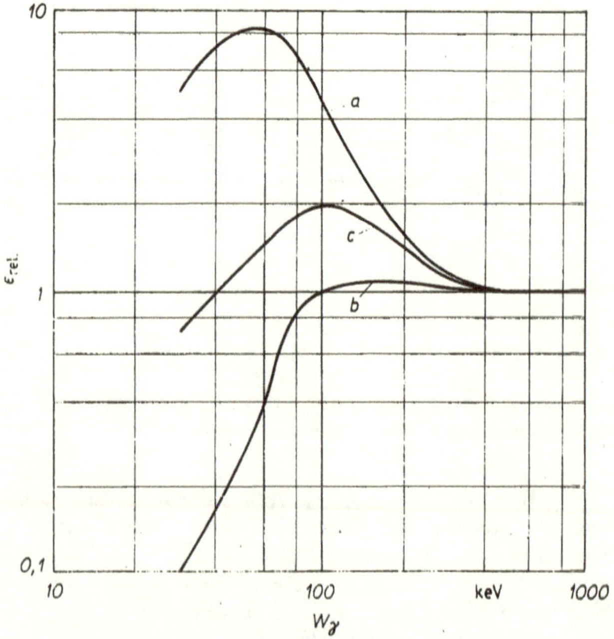

Abb. 6. **Relative Meßempfindlichkeit ε_{rel} von Phosphatglas, bezogen auf Luft, in Abhängigkeit von der Photonenenergie (nach [17]). a – Glas ohne Absorber; b – Glas mit massivem Absorber (1,2 mm Sn); c – Glas mit perforiertem Absorber (1 mm Cd)**

Erzeugung von Sekundärelektronengleichgewicht im empfindlichen Volumen ausreichen, führt die Schwächung der Photonen in der Wand jedoch erst unterhalb 0,1 MeV zu einer merklichen Abnahme der relativen Meßempfindlichkeit gegenüber den nach (3.14) berechneten Werten. Durch den Empfindlichkeitsabfall infolge Schwächung der Photonen in der Wand und im empfindlichen Sondenvolumen ist es möglich, auch stark überschwellige Sondensubstanzen in der Dosimetrie einzusetzen, wobei der Verlauf der relativen Meßempfindlichkeit unterhalb 0,1 MeV zusätzlich durch Absorber geeignet beeinflußt werden kann. Abbildung 6 zeigt den Einfluß eines Absorbers auf die γ-Energieabhängigkeitskurve der relativen Meßempfindlichkeit einer Sonde.

Besondere Bedeutung besitzen Gleichgewichtssonden für die Bestimmung der Expositionsdosis. Hierfür verwendet man bevorzugt luftgefüllte Ionisationskammern mit Kammerwänden aus luftäquivalentem Material (s. 4.2.).

Wenn Sekundärelektronengleichgewicht vorliegt, entspricht die im empfindlichen Sondenvolumen je Volumenelement freigesetzte elektrische Ladung der Ionen eines Vorzeichens der in (2.31) angegebenen elektrischen Ladung. Die Expositionsdosis ist daher gleich der im empfindlichen Kammervolumen freigesetzten Gesamtladung der Ionen eines Vorzeichens, dividiert durch die Masse des Füllgases.

Allgemein gilt für den Zusammenhang zwischen Energiedosis D_S in einer Gleichgewichtssonde und der Expositionsdosis X am Meßort in Luft:

$$\boxed{\frac{D_S}{X} = \frac{\overline{W}_l}{e_0}\,\frac{\Psi_\gamma}{\Psi_\gamma}\,\frac{\left(\dfrac{\mu_{en}}{\varrho}\right)_S}{\left(\dfrac{\mu_{en}}{\varrho}\right)_L} = \frac{\overline{W}_l}{e_0}\,\frac{\left(\dfrac{\mu_{en}}{\varrho}\right)_S}{\left(\dfrac{\mu_{en}}{\varrho}\right)_L}}\,. \qquad (3.15)$$

Hierin bedeuten $\overline{W}_l$ der mittlere Energieaufwand zur Bildung eines Ionenpaares in Luft, e_0 die Elemetarladung und Ψ_γ die Energiefluenz der Photonen, die durch die Sonde nicht beeinflußt werden darf. Mit Hilfe von (3.15) kann bei bekannter Eigenempfindlichkeit die Expositionsdosis am Meßort aus dem Meßwert der Sonde berechnet werden. Die zu (3.15) analoge Beziehung (3.11) für das Verhältnis $\frac{D_S}{D_M}$ gilt unter der Voraussetzung, daß am Meßort (bei Abwesenheit der Sonde) Sekundärteilchengleichgewicht herrscht. Bei Anwendung der Beziehung (3.15), die sich mit Hilfe von (2.33), (3.9) und (3.10) herleiten läßt, braucht diese Voraussetzung nicht erfüllt zu sein. Ersetzt man in (3.9) den Bremsstrahlungsverlust B durch den modifizierten Bremsstrahlungsverlust B_X (s.(2.33)), so gilt diese Beziehung auch dann, wenn kein Sekundärelektronengleichgewicht herrscht. Liegt Sekundärelektronengleichgewicht vor, so stimmen die Werte von B und B_X überein.

3.4. *Bragg-Gray-Sonden*

Ein weiteres wichtiges Meßprinzip der Dosimetrie ist die Energiedosisbestimmung mit Bragg-Gray-Sonden. Im Gegensatz zu Gleichgewichtssonden können Bragg-Gray-Sonden sowohl in Primärstrahlungsfeldern ungeladener als auch geladener Teilchen eingesetzt werden. Die Anwendungsmöglichkeiten in Primärstrahlungsfeldern ungeladener Teilchen bestehen unabhängig davon, ob Sekundärteilchengleichgewicht verwirklicht ist oder nicht.

Eine Sonde erfüllt die *Bragg-Gray-Bedingungen*, wenn

a) die Fluenz, das Energiespektrum und die Richtungsverteilung der geladenen Teilchen innerhalb der Sonde räumlich konstant und gleich der Fluenz, dem Energiespektrum und der Richtungsverteilung der geladenen Teilchen am Meßort im bestrahlten Material (bei Abwesenheit der Sonde) sind und
b) die von indirekt ionisierenden Teilchen in der Sonde freigesetzten geladenen Sekundärteilchen nur ver-

nachlässigbar wenig zur Energiedosis in der Sonde beitragen.

Die Bragg-Gray-Bedingungen lassen sich prinzipiell nur näherungsweise erfüllen. Die linearen Abmessungen einer Sonde, durch die die Fluenz, die Richtungsverteilung und das Energiespektrum der geladenen Teilchen nicht merklich verändert werden (s. Teilbedingung a)), müssen im Vergleich zur mittleren Reichweite $\bar{R}$ der geladenen Teilchen klein sein (z. B. $< 0{,}1\,\bar{R}$).

Aus Teilbedingung b) folgt die Forderung nach Sondenabmessungen, die klein sind im Vergleich zur Schwächungslänge $\frac{1}{\mu}$ (μ — linearer Schwächungskoeffizient) bzw. zur mittleren freien Weglänge der ungeladenen Teilchen. Bestimmend für die Größe des Meßvolumens einer Bragg-Gray-Sonde ist jedoch der Wert von $\bar{R}$.

Die Energieübertragung auf das Meßvolumen einer Bragg-Gray-Sonde erfolgt ausschließlich durch geladene Teilchen. Der Energieverlust geladener Teilchen beim Durchdringen eines Materials läßt sich mit Hilfe des *Massen-Bremsvermögens* $\frac{S}{\varrho}$ beschreiben, für das folgende Definition gilt:

$$\frac{S}{\varrho} = \frac{1}{\varrho}\,\frac{\mathrm{d}W}{\mathrm{d}x}. \tag{3.16}$$

Die Größe $\mathrm{d}W$ bezeichnet dabei den mittleren Energieverlust eines geladenen Teilchens der Energie W längs des Wegelementes $\mathrm{d}x$ in einem Material der Dichte ϱ.

Der Energieverlust geladener Teilchen erfolgt vorwiegend durch Ionisationsbremsung infolge Kollision mit Hüllenelektronen und durch Strahlungsbremsung. Maßgebend für die Energieübertragung auf das Material in einem Volumenelement (auch in einer Bragg-Gray-Sonde) ist der Kollisionsanteil $\frac{S_{\mathrm{col}}}{\varrho}$ des Massen-Bremsvermögens.

Tabelle 3

Massen-Bremsvermögen $\frac{S_{col}}{\varrho}$ in $\frac{cm^2}{g}$ für einige Materialien als Funktion der Elektronenenergie W_e

W_e in MeV	Luft	CO_2	CH_4	H_2O	Muskel	Knochen	Polystyrol	PMMA	Anthracen	LiF
0,010	10,70	19,78	28,03	23,20	22,92	21,01	22,60	22,51	21,92	18,17
0,015	14,41	14.46	20,31	16,90	16,70	15,36	16,46	16,40	15,97	13,30
0,020	11,55	11,59	16,18	13,50	13,34	12,31	13,15	13,11	12,77	10,66
0,030	8,475	8,502	11,79	9,879	9,763	9,030	9,617	9,588	9,344	7,823
0,040	6,835	6,857	9,465	7,951	7,859	7,281	7,739	7,717	7,522	6,311
0,050	5,808	5,926	8,017	6,747	6,669	6,186	6,565	6,546	6,383	5,363
0,060	5,101	5,117	7,024	5,919	5,851	5,434	5,760	5,746	5,601	4,711
0,080	4,190	4,203	5,748	4,854	4,799	4,463	4,723	4,712	4,594	3,870
0,10	3,627	3,638	4,962	4,197	4,149	3,862	4,083	4,074	3,972	3,350
0,15	2,856	2,865	3,819	3,299	3,261	3,041	3,208	3,202	3,123	2,639
0,20	2,466	2,473	3,349	2,844	2,811	2,623	2,766	2,761	2,692	2,277
0,30	2,081	2,087	2,815	2,394	2,367	2,210	2,330	2,326	2,268	1,916
0,40	1,899	1,904	2,562	2,181	2,157	2,015	2,119	2,106	2,063	1,742
0,50	1,800	1,804	2,422	2,061	2,041	1,906	1,999	1,987	1,946	1,645
0,60	1,740	1,745	2,339	1,989	1,972	1,840	1,925	1,914	1,875	1,585
0,80	1,681	1,686	2,253	1,911	1,902	1,772	1,846	1,835	1,797	1,521

W_e in MeV	Luft	CO_2	CH_4	H_2O	Muskel	Knochen	Polystyrol	PMMA	Anthracen	LiF
1,0	1,659	1,663	2,219	1,876	1,874	1,744	1,809	1,799	1,761	1,492
1,5	1,659	1,663	2,211	1,852	1,868	1,735	1,783	1,774	1,736	1,473
2,0	1,683	1,687	2,237	1,858	1,891	1,752	1,787	1,779	1,740	1,478
3,0	1,738	1,743	2,304	1,884	1,948	1,797	1,813	1,805	1,765	1,502
4,0	1,789	1,793	2,365	1,909	1,999	1,839	1,838	1,832	1,790	1,524
5,0	1,831	1,836	2,418	1,931	2,043	1,875	1,861	1,854	1,812	1,544
6,0	1,808	1,873	2,464	1,949	2,082	1,905	1,879	1,873	1,830	1,560
8,0	1,929	1,934	2,540	1,978	2,144	1,955	1,909	1,903	1,859	1,586
10,0	1,978	1,982	2,600	2,000	2,194	2,994	1,932	1,926	1,881	1,606

Die bei der Strahlungsbremsung auf Photonen übertragene Energie wird größtenteils aus dem Volumenelement transportiert, in dem die Bremsstrahlung erzeugt wurde. In Tabelle 3 sind für einige Substanzen, die in der Dosimetrie wichtig sind, die Massen-Bremsvermögen $\frac{S_{\text{col}}}{\varrho}$ in Abhängigkeit von der Elektronenenergie aufgeführt.

Die Bragg-Gray-Theorie geht von der Näherung aus, daß die bei der Kollision mit Hüllenelektronen infolge Ionisation und Anregung abgegebene Energie dagegen vollständig im Volumenelement verbleibt. Die Energie der geladenen Teilchen nimmt also längs des Wegelementes dx kontinuierlich ab und wird gewissermaßen „am Ort" absorbiert. Unter dieser Voraussetzung gilt zwischen der Energiedosis D und der Fluenz Φ_{G} monoenergetischer geladener Teilchen der Energie W der Zusammenhang

$$D = \Phi_{\text{G}} \frac{S_{\text{col}}(W)}{\varrho}. \tag{3.17}$$

Mit Hilfe dieser grundlegenden Beziehung kann die Meßempfindlichkeit von Bragg-Gray-Sonden berechnet werden. Für das Verhältnis der Energiedosis D_{S} in der Sonde zur Energiedosis im bestrahlten Material gilt nach (3.17) die *Bragg-Gray-Gleichung* (GRAY, 1936)

$$\boxed{\frac{D_{\text{S}}}{D_{\text{M}}} = \frac{\Phi_{\text{G}}}{\Phi_{\text{G}}} \frac{\left(\frac{S_{\text{col}}(W)}{\varrho}\right)_{\text{S}}}{\left(\frac{S_{\text{col}}(W)}{\varrho}\right)_{\text{M}}} = \frac{\left(\frac{S_{\text{col}}(W)}{\varrho}\right)_{\text{S}}}{\left(\frac{S_{\text{col}}(W)}{\varrho}\right)_{\text{M}}} = s_{\text{SM}}(W)}\,. \tag{3.18}$$

Das Verhältnis der Massen-Bremsvermögen wird *relatives Massen-Bremsvermögen* $s_{\text{SM}}(W)$ genannt.

Die Meßempfindlichkeit ε einer Bragg-Gray-Sonde für monoenergetische geladene Teilchen der Energie W erhält man durch Multiplikation des Quotienten der Massen-

Bremsvermögen von Sondensubstanz $\left(\frac{S_{col}(W)}{\varrho}\right)_S$ und bestrahltem Material $\left(\frac{S_{col}(W)}{\varrho}\right)_M$ mit der Eigenempfindlichkeit ε', die für eine Teilchenart bei der Mehrzahl der Meßsubstanzen konstant ist:

$$\varepsilon = \varepsilon' \frac{\left(\frac{S_{col}(W)}{\varrho}\right)_S}{\left(\frac{S_{col}(W)}{\varrho}\right)_M}. \qquad (3.19)$$

In ihrer ursprünglichen Fassung betrachtet die Bragg-Gray-Theorie das Verhältnis der Massen-Bremsvermögen von Materialien unterschiedlicher Ordnungszahl als unabhängig von der Energie W der geladenen Teilchen, obwohl die Massen-Bremsvermögen selber stark energieabhängig sind. Tatsächlich liegt eine gewisse Energieabhängigkeit des Verhältnisses der Massen-Bremsvermögen vor, die um so ausgeprägter ist, je mehr sich die effektiven Ordnungszahlen von Sondensubstanz und bestrahltem Material voneinander unterscheiden. Analog (3.14) wird die relative Meßempfindlichkeit ε_{rel} von Bragg-Gray-Sonden definiert:

$$\varepsilon_{rel}(W) = \frac{\left(\frac{S_{col}(W)}{\varrho}\right)_S}{\left(\frac{S_{col}(W)}{\varrho}\right)_M} : \frac{\left(\frac{S_{col}(W^*)}{\varrho}\right)_S}{\left(\frac{S_{col}(W^*)}{\varrho}\right)_M}. \qquad (3.20)$$

In Abbildung 7 ist ε_{rel} für Bragg-Gray-Sonden aus Polymethylmethacrylat (PMMA) und LiF in Abhängigkeit von der Energie für Elektronenstrahlung dargestellt (Bezugssubstanz: Muskelgewebe, Bezugsenergie $W^* = 1$ MeV). Man erkennt, daß der durch diese Energieabhängigkeit bedingte Meßfehler bei Energiedosisbestimmungen in Photonen- und Elektronenstrahlungsfeldern mit unbekannten Energiespektren (im Energiebereich von

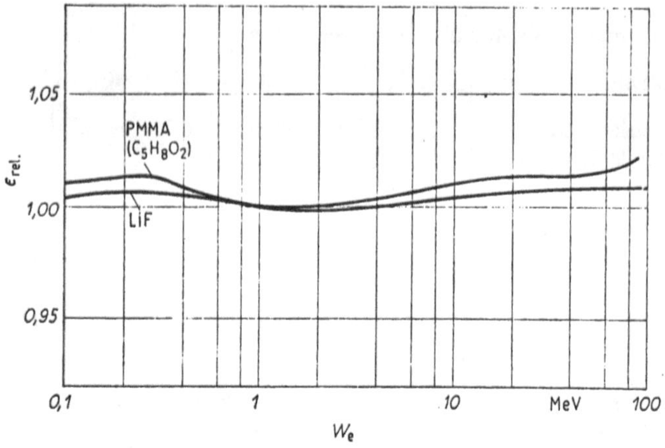

Abb. 7. Relative Meßempfindlichkeit ε_{rel} für Bragg-Gray-Sonden aus LiF und PMMA, bezogen auf Muskelgewebe, in Abhängigkeit von der Elektronenenergie

0,1 bis 100 MeV) einige Prozent nicht überschreitet, unabhängig davon, bei welcher Energie die Kalibrierung der Sonde erfolgt.

Zur genauen Bestimmung der Meßempfindlichkeit einer Bragg-Gray-Sonde ist die Kenntnis der spektralen Energieverteilung der geladenen Teilchen am Meßort unerläßlich. Bei Berücksichtigung der spektralen Energieverteilungsfunktion $n(W)$ erhält man nach (3.16) für das Verhältnis $\frac{D_S}{D_M}$ den Ausdruck

$$\frac{D_S}{D_M} = \frac{\int\limits_0^{W_{max}} n(W) \left(\frac{S_{col}(W)}{\varrho}\right)_S \mathrm{d}W}{\int\limits_0^{W_{max}} n(W) \left(\frac{S_{col}(W)}{\varrho}\right)_M \mathrm{d}W} = \bar{s}_{SM}, \qquad (3.21)$$

wobei W_{max} die im Energiespektrum der geladenen Teilchen vorkommende Maximalenergie ist. Die Größe $\bar{s}_{SM}$ wird als effektives Verhältnis der Massen-Bremsvermögen bezeichnet. Wegen der Annahme, daß die Energieabgabe der geladenen Teilchen längs eines Wegelementes dx kontinuierlich erfolgt, ist auch die Beziehung (3.21) nur näherungsweise gültig.

Die weitere Vervollkommnung der Bragg-Gray-Theorie erfolgte vorrangig für die Dosimetrie in Photonenstrahlungsfeldern (Spencer und Attix, 1955). Es wird berücksichtigt, daß geladene Teilchen bei Stoßprozessen δ-Elektronen erzeugen können, deren Reichweiten mit denen der stoßenden Teilchen vergleichbar sind. Die geladenen Teilchen verlieren somit ihre Energie diskontinuierlich. Die Gültigkeit von (3.17) erfordert eigentlich nicht unbedingt, daß die bei Kollisionen übertragene Energie „am Ort" absorbiert wird. Es sollten lediglich die Gleichgewichtsbedingungen für die bei Stoßprozessen freigesetzten Elektronen verwirklicht sein. Gleichgewicht herrscht jedoch nur bei δ-Elektronen, deren Reichweiten nicht merklich größer sind als die Abmessungen der Bragg-Gray-Sonde. Die nach (3.17) berechnete Energiedosis fällt zu groß aus, da aus dem betrachteten Volumenelement durch δ-Elektronen großer Reichweite, für die kein Gleichgewicht besteht, mehr Energie heraus- als hineingeführt wird. Der Überschätzung der tatsächlichen Energiedosis wirkt man in (3.21) durch Einführung des *beschränkten Massen-Bremsvermögens* $\dfrac{S_{col}(W, \Delta)}{\varrho}$ für Sondensubstanz und bestrahltes Material entgegen. Dieses modifizierte Bremsvermögen berücksichtigt nur Stoßprozesse mit Energieverlusten bis zu einer maximalen Energie Δ. Außerdem wird das durch δ-Elektronen mit Energien größer Δ veränderte Energiespektrum $n'(W)$ der Sekundärelektronen verwendet. Die Integration wird erst von der Energie Δ an begonnen. Eine gegenüber (3.21) genauere Berechnung des Verhältnisses

$\frac{D_S}{D_M}$ ermöglicht daher die Beziehung

$$\frac{D_S}{D_M} = \frac{\int\limits_{\Delta}^{W_{max}} n'(W) \left(\frac{S_{col}(W, \Delta)}{\varrho}\right)_S \mathrm{d}W}{\int\limits_{\Delta}^{W_{max}} n'(W) \left(\frac{S_{col}(W, \Delta)}{\varrho}\right)_M \mathrm{d}W} = \bar{s}_{SM}(\Delta). \quad (3.22)$$

Die Energie Δ wird so gewählt, daß die mittlere Reichweite der δ-Elektronen mit der Energie Δ etwa mit den Abmessungen der Bragg-Gray-Sonde vergleichbar ist. In (3.21) wird vernachlässigt, daß das Gleichgewicht von δ-Elektronen mit Energien kleiner Δ am Meßort durch das Meßvolumen selbst gestört wird. Die Energiedosis D_S ist innerhalb der Sonde nur näherungsweise räumlich konstant. Charakteristisch für das nach (3.22) berechnete effektive Verhältnis der Massen-Bremsvermögen ist die durch die Wahl von Δ bedingte Abhängigkeit von den Sondenabmessungen. Eine Variation der Abmessungen ist allerdings nur im Rahmen erfüllter Bragg-Gray-Bedingungen zulässig.

Im Gegensatz zur Bragg-Gray-Gleichung (3.18) besitzen die Beziehungen (3.21) und (3.22) nur geringe Bedeutung für die praktische Dosimetrie. Ihre Anwendung scheitert häufig daran, daß die Energiespektren $n(W)$ bzw. $n'(W)$ nicht oder nur ungenügend bekannt sind. Für den Sonderfall, daß in Primärstrahlungsfeldern monoenergetischer Photonen Sekundärelektronengleichgewicht besteht, liegen berechnete Werte für das effektive Verhältnis der Massen-Bremsvermögen einiger Elemente, bezogen auf die Meßsubstanz Luft, vor. [5] Im ungünstigsten Fall (bestrahltes Material: Blei) ist die Differenz der nach (3.21) und (3.22) berechneten Werte kleiner als 20%. Für Elemente niedriger Ordnungszahl stimmen bereits die ohne Δ-Korrektion berechneten effektiven

Verhältnisse der Massen-Bremsvermögen im Rahmen der Meßgenauigkeit von 1 bis 2% mit experimentell ermittelten Werten von $\frac{D_S}{D_M}$ überein.

Als Meßsubstanz für Bragg-Gray-Sonden verwendet man in erster Linie Luft (s. 4.2.). Unter Normaldruck erfüllt ein Luftvolumen mit Abmessungen kleiner als 1 cm die Bragg-Gray-Bedingungen für Elektronen bis zu einer Minimalenergie von etwa 0,1 MeV. Da bei noch kleinerem Meßvolumen die Eigenempfindlichkeit zu gering wird, setzt man luftgefüllte Bragg-Gray-Sonden (Hohlraumkammern) in Photonen- und Elektronenstrahlungsfeldern erst bei Primärenergien oberhalb 0,1 MeV ein. Für Festkörpersonden ist die Erfüllung der Bragg-Gray-Bedingungen bis zu Energien von 0,1 MeV mit erheblichen Einschränkungen verbunden. Bei einer Dichte der Meßsubstanz von 1 g cm^{-3} sind Sondenabmessungen von etwa 10 μm erforderlich. Die Bragg-Gray-Bedingungen lassen sich nur mit dünnen Sonden (Anthracenfolien, in Teflon eingebettetes LiF) näherungsweise erfüllen, wenn die Teilchen vorwiegend senkrecht auftreffen. Spezielle Meßprobleme, z. B. die Dosimetrie an Grenzschichten von Materialien unterschiedlicher Ordnungszahl, lassen sich nur mit derartigen Meßsonden lösen.

Für hochenergetische Strahlung sind größere Meßvolumina zulässig (Abmessungen von Festkörpersonden $>$ 0,1 mm). In Photonenstrahlungsfeldern, in denen sich oberhalb 3 MeV Sekundärelektronengleichgewicht nicht mehr verwirklichen läßt, können Energiedosisbestimmungen nur auf der Grundlage des Bragg-Gray-Prinzips erfolgen.

3.5. Erweiterte Hohlraumtheorie

Der auf dem Bragg-Gray-Prinzip beruhende mathematische Formalismus zur Umrechnung der in einer Sonde erzeugten Energiedosis in die zu bestimmende Energiedosis im bestrahlten Material wird im allgemeinen unter der Bezeichnung *Hohlraumtheorie* zusammengefaßt. Diese Begriffsbildung ist historisch bedingt und trägt der fundamentalen Bedeutung der Ionisationsdosimetrie Rechnung. Man geht dabei vom Spezialfall eines gasgefüllten Meßvolumens aus, das im bestrahlten Material einen Hohlraum bildet. Bisher wurde der einfach zu behandelnde Spezialfall betrachtet, daß in der Sonde ein Bereich

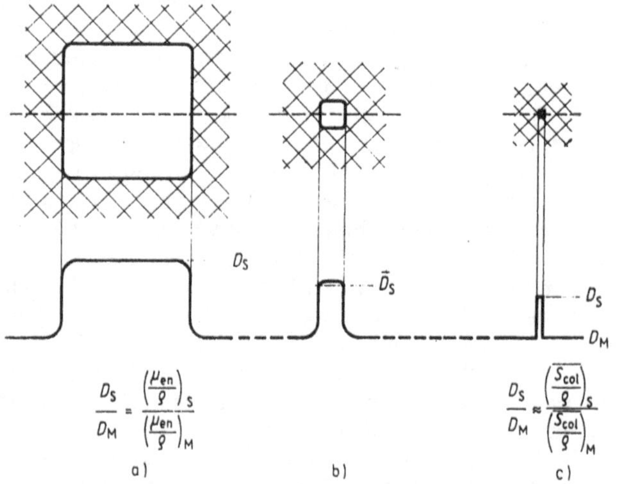

Abb. 8. Einfluß der Sondengröße auf die Energiedosisverteilung im Meßvolumen und in dessen Umgebung

existiert, in dem die Energiedosis räumlich konstant ist. Abbildung 8 deutet den Energiedosisverlauf innerhalb und in unmittelbarer Umgebung von Sonden an, die aus der gleichen überschwelligen Meßsubstanz bestehen, aber unterschiedliche lineare Abmessungen besitzen. Die Sonden befinden sich im gleichen Primärstrahlungsfeld ungeladener Teilchen, und es herrscht Sekundärteilchengleichgewicht am Meßort im bestrahlten Material.

Im Fall a) sind die Sondenabmessungen groß gegen die

maximale Reichweite R_{max} der geladenen Sekundärteilchen. Im Abstand R_{max} vom Sondenrand stellt sich auch im Sondenmaterial Sekundärteilchengleichgewicht ein, so daß die Energiedosis einen konstanten Wert annimmt (Sekundärteilchengleichgewichtssonde).

Für die kleinste Sonde (Fall c)) sind die Bragg-Gray-Bedingungen erfüllt. Da die Änderungen der Fluenz, des Energiespektrums und der Richtungsverteilung der aus dem bestrahlten Material in die Sonde eintretenden geladenen Sekundärteilchen gering sind, ergibt sich in erster Näherung eine räumlich konstante Energiedosisverteilung (Bragg-Gray-Sonde).

Im Fall b) sind die Sondenabmessungen für die Ausbildung von Sekundärteilchengleichgewicht in der Meßsubstanz zu klein (Abmessungen kleiner R_{max}, s. 3.2., Teilbedingung b) für Sekundärteilchengleichgewicht). Die Fluenz der von außen in die Sonde eintretenden geladenen Sekundärteilchen wird im Meßvolumen merklich geschwächt. In der Sonde liegt eine inhomogene Energiedosisverteilung vor. Es sind weder die Bedingungen für Sekundärteilchengleichgewicht, noch die Bragg-Gray-Bedingungen erfüllt. Die Umrechnung der in einer solchen Sonde (Sondenabmessungen vergleichbar mit Sekundärteilchenreichweite) erzeugten mittleren Energiedosis $\bar{D}_S$ in die Energiedosis D_M im bestrahlten Material ist Gegenstand der *erweiterten Hohlraumtheorie.*

Zur Berechnung des Verhältnisses $\frac{\bar{D}_S}{D_M}$ wurde eine Gleichung (BURLIN, 1966) aufgestellt, die vorrangig für Photonenstrahlung angewendet wird. Zur Herleitung dieser Gleichung ist es zweckmäßig, die in der Sonde erzeugte mittlere Energiedosis $\bar{D}_S$ in zwei Anteile zu zerlegen:

$$\bar{D}_S = \bar{D}_{SM} + \bar{D}_{SS}. \tag{3.23}$$

Der Enegiedosisanteil $\bar{D}_{SM}$ wird durch Sekundärelektronen erzeugt, die aus dem bestrahlten Umgebungsmaterial in das Meßvolumen eintreten. Die in der Sonde selbst freigesetzten Sekundärelektronen erzeugen die Energiedosis $\bar{D}_{SS}$. Bei der Berechnung dieser beiden Energiedosisanteile geht man von folgenden Voraussetzungen aus:

a) Die Schwächung der Fluenz der Sekundärelektronen, die von außen in das Meßvolumen eintreten bzw. in diesem selbst gebildet werden, erfolgt näherungsweise nach einem Exponentialgesetz.

b) Die Energieverteilungen $n'_M(W)$ und $n'_S(W)$ (s. 3.4.) der von außen eintretenden bzw. in der Sonde erzeugten Sekundärelektronen sind im Meßvolumen annähernd konstant und gleich den Energieverteilungen im bestrahlten Material bzw. in der Sondensubstanz bei Sekundärelektronengleichgewicht.

c) Die Schwächungskoeffizienten zur Berechnung der Schwächung der Fluenz Φ_M der von außen eintretenden und der Fluenz Φ_S der in der Sonde gebildeten Sekundärelektronen stimmen näherungsweise überein.

Bei unveränderlicher Elektronen-Energieverteilung ist die Energiedosis an einem Ort innerhalb der Sonde proportional zu der dort vorliegenden Sekundärelektronenfluenz. Die Energiedosen $\bar{D}_{SM}$ und $\bar{D}_{SS}$ können daher über die gemittelten Fluenzen $\bar{\Phi}_M$ und $\bar{\Phi}_S$ berechnet werden. Für die über das Sondenvolumen gemittelte Fluenz $\bar{\Phi}_M$ gilt

$$\bar{\Phi}_M = \Phi_{M\,max} \frac{\int\limits_0^l e^{-\beta x}\, dx}{\int\limits_0^l dx} = \Phi_{M\,max}\, f. \tag{3.24}$$

In (3.24) bezeichnen $\Phi_{M\,max}$ die maximale Sekundärelektronenfluenz bei Sekundärelektronengleichgewicht im bestrahlten Umgebungsmaterial, β den linearen Schwächungskoeffizienten für die Sekundärelektronenfluenzen Φ_M und Φ_S und l eine mittlere Schwächungsdicke, die sich aus der Sondengeometrie sowie der Richtungsverteilung der Sekundärelektronen ergibt. Die Fluenz Φ_S in der Sonde in der Entfernung x vom Sondenrand ist gleich $(1 - e^{-\beta x}) \times \Phi_{S\,max}$, wobei $\Phi_{S\,max}$ die Fluenz der Sekundärelektronen ist, die bei genügend großen Sondenabmessungen und Sekundärelektronengleichgewicht im Sondenmaterial vorliegen würde. Die über das Meßvolumen gemittelte Fluenz Φ_S ergibt sich zu

$$\Phi_S = \Phi_{S\,max} \frac{\int\limits_0^l (1 - e^{-\beta x})\,dx}{\int\limits_0^l dx} = \Phi_{S\,max}(1 - f). \tag{3.25}$$

Auf Grund der Proportionalität zwischen Energiedosis und Sekundärelektronenfluenz kann man für die mittlere Energiedosis $\bar{D}_S$ in der Sonde schreiben:

$$\bar{D}_S = D_{M\,max}\, f + D_{S\,max}(1 - f). \tag{3.26}$$

Hierin bezeichnen $D_{M\,max}$ die Energiedosis, die bei erfüllten Bragg-Gray-Bedingungen in der Sonde erzeugt würde, wenn keine Schwächung von $\Phi_{M\,max}$ in der Sonde auftritt, und $D_{S\,max}$ die Energiedosis, die bei maximaler Fluenz $\Phi_{S\,max}$ und erfülltem Sekundärelektronengleichgewicht in der Meßsubstanz vorliegen würde. Für den Quotienten aus mittlerer Energiedosis $\bar{D}_S$ in der Sonde und Energiedosis D_M am Meßort (bei Abwesenheit der Sonde) erhält man mit Hilfe der Gleichungen (3.11), (3.22) und (3.26) die Beziehung

$$\boxed{\frac{\bar{D}_S}{D_M} = \bar{s}_{SM}(\Delta)\, f + \frac{\left(\frac{\mu_{en}}{\varrho}\right)_S}{\left(\frac{\mu_{en}}{\varrho}\right)_M}(1 - f)}\,. \tag{3.27}$$

Darin ist $\bar{s}_{SM}(\Delta)$ das nach (3.22) berechnete effektive Verhältnis der Massen-Bremsvermögen. Die Gewichtsfaktoren f und $(1 - f)$ hängen von der Größe des Sondenvolumens ab. Für den Grenzfall sehr kleiner Abmessungen sind die Bragg-Gray-Bedingungen verwirklicht, und f nimmt den Wert 1 an. Die Beziehung (3.27) geht damit in (3.22) über. Sind die Abmessungen der Sonde dagegen groß gegen die Reichweite der Sekundärelektronen, so ist praktisch im gesamten Meßvolumen Sekundärelektronengleichgewicht verwirklicht, so daß mit $f \ll 1$ aus (3.27) die Beziehung (3.11) folgt.

Die Voraussetzungen a) bis c) sind insbesondere dann weitgehend erfüllt, wenn das Sondenformat noch klein im Vergleich zu den Abmessungen einer Gleichgewichtssonde ist, die Bragg-Gray-Bedingungen jedoch nicht mehr verwirklicht sind. Die Beziehung (3.27) ist daher in erster Linie als modifizierte Form der korrigierten Bragg-Gray-Gleichung (3.22) (Δ-Korrektion) aufzufassen, durch die geringfügige Verletzungen des Bragg-Gray-Prinzips Berücksichtigung finden.

Die erweiterte Hohlraumtheorie wurde für luftgefüllte Sonden und Festkörpersonden in verschiedenen Materialien experimentell überprüft. Vielfach wurde dabei weitgehend Übereinstimmung zwischen gemessenen und berechneten Daten gefunden. Diskrepanzen zwischen Theorie und Experiment lassen sich vor allem auf die in a) bis c) enthaltenen Näherungen sowie auf Vereinfachungen bei der Berechnung der mittleren Schwächungsdicke l zurückführen. Nach (3.27) berechnete Werte des Verhältnisses $\overline{D}_S/D_M$ liegen tabelliert vor. [5] Erst bei Materialien hoher Ordnungszahl treten merkliche Unterschiede zu den Werten von $\bar{s}_{SM}$ (Δ) auf.

Die Anwendungsmöglichkeiten der *Burlin-Gleichung* (3.27) in der praktischen Dosimetrie sind begrenzt, da zur Berechnung des effektiven Verhältnisses der Massen-Bremsvermögen und der Massen-Energieabsorptionskoeffizienten das Photonenenergiespektrum bekannt sein muß.

Wenn das Konzept der erweiterten Hohlraumtheorie für Photonenstrahlung auf andere Primärstrahlungsarten übertragen werden soll, sind weitere Modifikationen erforderlich. Näherungsweise läßt sich z. B. das Verhältnis $\bar{D}_S/D_M$ auch für Primärstrahlungsfelder von Elektronen nach (3.27) berechnen, wobei der zweite Summand entfällt.

3.6. Neutronendosimetrie

Neutronen nehmen in der Dosimetrie eine Sonderstellung ein. Beim Durchgang durch Materialien verhalten sie sich völlig anders als geladene Teilchen und Photonen. Insbesondere für die Strahlenschutzdosimetrie resultiert daraus die Notwendigkeit der Entwicklung von Meßprinzipien, die von der Sondenmethode abweichen.

Neutronen verlieren weder infolge von Ionisationsbremsung noch infolge von Strahlungsbremsung Energie. Ihre Wechselwirkung mit den Hüllenelektronen der Atome ist so schwach, daß sie vernachlässigt werden kann. Die Energieübertragung von Neutronen auf Material erfolgt ausschließlich über Wechselwirkungsprozesse mit den Atomkernen. Für die Dosimetrie sind folgende Elementarprozesse der Kernwechselwirkung von Bedeutung:

elastische Streuung an Atomkernen (n, n);
unelastische Streuung an Atomkernen (n, n');
Strahlungseinfang (n, γ);
Austauschreaktionen (n, p), (n, α);
Kernspaltung (n, f).

Bei der elastischen Streuung, bei Austauschreaktionen und bei der Kernspaltung entstehen energiereiche geladene Teilchen (Rückstoßkerne, Protonen, α-Teilchen u. a.), die den größten Teil ihrer kinetischen Energie durch Ionisationsbremsung verlieren. Bei der unelastischen Streuung und beim Strahlungseinfang werden Photonen freigesetzt, die ihre Energie über Sekundärelektronen, meist in großer Entfernung vom Reaktionsort, an das Material abgeben. Darüber hinaus kann zeitlich verzögert Energie durch Strahlung übertragen werden, die von aktivierten Kernen emittiert wird. Der Anteil der einzelnen Reaktionsarten an der Gesamtzahl der Reaktionen hängt von der Neutronenenergie und der atomaren Zusammensetzung des bestrahlten Materials ab. An der Energieübertragung sind in Neutronenstrahlungsfeldern im allgemeinen geladene Sekundärteilchen verschiedener Art beteiligt.

Die Energieübertragung von Neutronen auf Material läßt sich mit Hilfe der Neutronenkerma beschreiben. Zwischen Kerma K und Teilchenfluenz Φ monoenergetischer Neutronen der Energie W_n besteht in einem Material der Dichte ϱ der Zusammenhang

$$K = \frac{\eta(W_n)}{\varrho} \Phi. \tag{3.28}$$

Die energieabhängige Materialkonstante $\frac{\eta(W_n)}{\varrho}$ wird *Fluenz-Kerma-Konversionsfaktor* genannt. Dieser Faktor ist definiert als Quotient aus Massen-Energieumwandlungskoeffizient $\frac{\mu_{tr}(W_n)}{\varrho}$ und Neutronenenergie W_n (s. 3.7.). Es gilt

$$\frac{\eta(W_n)}{\varrho} = \frac{1}{\varrho} \sum_i \sum_j n_i \sigma_{ij}(W_n) \overline{W}_{ij}. \tag{3.29}$$

In (3.29) bedeuten n_i — Atomanzahl des Nuklids i im bestrahlten Material, σ_{ij} — Wirkungsquerschnitt des Nuklids i für die Reaktionsart j, $\overline{W}_{ij}$ — Summe der mittleren Anfangsenergien geladener Teilchen, die im Ergebnis der Reaktion j des Nuklids i freigesetzt werden.

Liegt ein Neutronenenergiespektrum vor, so ist zur Berechnung der Kerma in (3.28) an Stelle von Φ die spektrale Neutronenfluenz $\frac{d\Phi(W_n)}{dW_n}$ einzusetzen und über die Neutronenenergie W_n zu integrieren.

Im allgemeinen ist die Reichweite der geladenen Sekundärteilchen klein gegen die mittlere freie Weglänge der Primärneutronen, so daß in homogenen Materialien (in bezug auf die atomare Zusammensetzung) *Sekundärteilchengleichgewicht* vorliegen kann. Abbildung 9 zeigt die mittlere freie Weglänge von Neutronen und die Reichweite von Protonen in Körpergewebe in Abhängigkeit von der Neutronenenergie. Protonen besitzen von allen in Körpergewebe gebildeten geladenen Sekundärteilchen die größte Reichweite. Man erkennt, daß die Protonenreichweite bis zu Neutronenenergien von ca. 50 MeV um mehr als eine Größenordnung geringer als die mittlere freie Weglänge der Neutronen ist. Vernachlässigt man die Strahlungsbremsung geladener Teilchen, so ist bei Sekundärteilchengleichgewicht die Kerma gleich der Energiedosis. Die Energiedosis in Neutronenstrahlungsfeldern kann nur dann mit Hilfe von (3.28) berechnet werden, wenn die indirekte Energieübertragung durch die beim Strahlungseinfang und bei der unelastischen Streuung freigesetzten Photonen vernachlässigbar gering ist. Falls bei der Wechselwirkung von Neutronen mit dem bestrahlten Material Photonenstrahlung entsteht, muß ihr Beitrag zur Energiedosis insbesondere dann berücksichtigt werden, wenn sich das Volumenelement, in dem sie ermittelt werden soll, in einem Objekt großer Ausdehnung befindet (z. B. im menschlichen Körper).

Für das Verhältnis von Energiedosis D_S in einer Gleichgewichtssonde und Energiedosis D_M im bestrahlten Material läßt sich für Neutronenstrahlungsfelder eine zu (3.11) analoge Beziehung angeben. Bei Vernachlässigung von Strahlungsbremsung gilt

$$\frac{D_S}{D_M} = \frac{\Phi\left(\frac{\eta(W_n)}{\varrho}\right)_S}{\Phi\left(\frac{\eta(W_n)}{\varrho}\right)_M} = \frac{\left(\frac{\eta(W_n)}{\varrho}\right)_S}{\left(\frac{\eta(W_n)}{\varrho}\right)_M}. \quad (3.30)$$

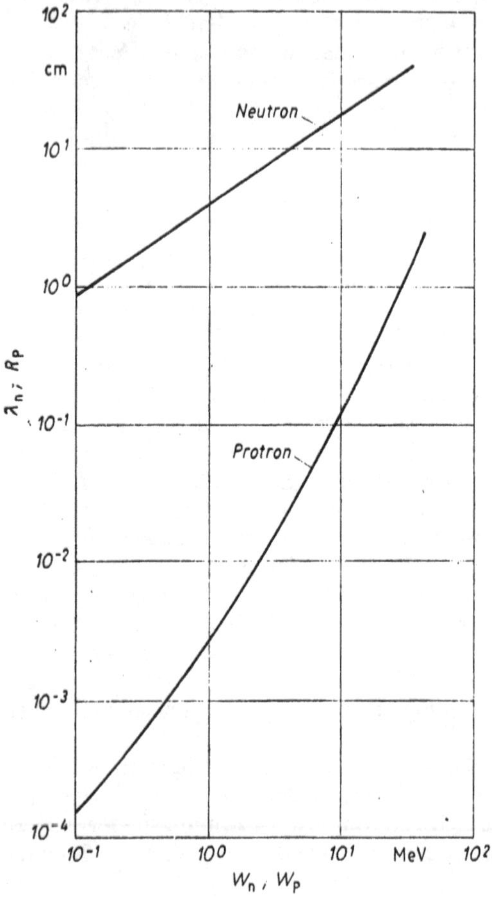

Abb. 9. Mittlere freie Weglänge λ_n von Neutronen und Reichweite R_p von Protonen in Gewebe in Abhängigkeit von der Teilchenenergie (nach [17])

Der Quotient $\left(\frac{\eta(W_n)}{\varrho}\right)_S : \left(\frac{\eta(W_n)}{\varrho}\right)_M$ ist auch dann sehr stark von der Neutronenenergie abhängig, wenn sich Sondensubstanz und bestrahltes Material in der atomaren Zusammensetzung nur geringfügig unterscheiden. Meistens liegen Strahlungsfelder mit breitem Neutronenenergiespektrum vor, so daß die Neutronen-Kerma-Konversionsfaktoren über das Neutronenenergiespektrum gemittelt werden müssen. Dazu ist die Kenntnis des Neutronenenergiespektrums am Meßort erforderlich.

Die Anwendung von (3.30) zur Berechnung der Meßempfindlichkeit einer Gleichgewichtssonde ist vor allem deshalb nur im beschränkten Maße möglich, weil die Eigenempfindlichkeit im allgemeinen von der Art und der Energie der geladenen Sekundärteilchen abhängig ist. Insbesondere ist die Eigenempfindlichkeit gegenüber schweren Rückstoßkernen bei den meisten Sondensubstanzen sehr gering. Bei Anwendung von Dosismeßverfahren, die auf der Messung der elektrischen Ladung beruhen, ist zu beachten, daß schwere geladene Teilchen selbst bei verhältnismäßig hohen Energien nicht mehr ionisieren, sondern nur noch anregen (z. B. Protonen unterhalb 10 keV). Ionisationskammern mit gewebeäquivalenten Wänden und gewebeäquivalenten Füllgasen können daher nur im Energiebereich der schnellen Neutronen näherungsweise zur energieunabhängigen Messung der Energiedosis im Gewebe eingesetzt werden.

Die Anwendung des *Bragg-Gray-Prinzips* in Neutronenstrahlungsfeldern ist wegen der teilweise sehr geringen Reichweiten der geladenen Sekundärteilchen nur im beschränkten Umfang möglich. Es sind sehr kleine Sonden erforderlich, deren Eigenempfindlichkeit gering ist.

In der Strahlenschutzdosimetrie ist zu berücksichtigen, daß Neutronen verschiedener Energie bei gleicher Energiedosis unterschiedliche biologische Wirkungen hervorrufen. Zur Beurteilung der Strahlenschädigung ermittelt man die maximale Äquivalentdosis, die sich durch Multiplikation der maximalen Energiedosis (Maximum der Tiefendosisverteilung im menschlichen Körper) mit einem über das Neutronenenergiespektrum gemittelten Bewertungsfaktor ergibt (s. 6.1.).

Bei bekanntem Neutronenenergiespektrum genügt es, zur Äquivalentdosisbestimmung die auf die Körperoberfläche auftreffende Neutronenfluenz zu ermitteln. Mit Hilfe des Fluenz-Äquivalentdosis-Konversions-

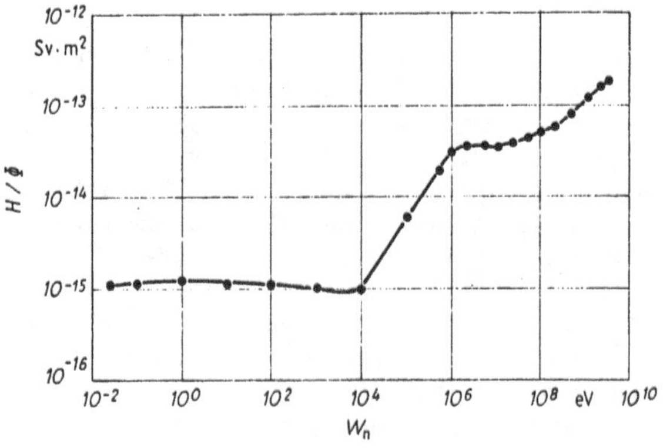

Abb. 10. Konversionsfaktor H/Φ in Abhängigkeit von der Neutronenenergie (nach ICRP-Publikation 21)

faktors, der in Abbildung 10 in Abhängigkeit von der Neutronenenergie dargestellt ist, kann daraus die Äquivalentdosis bestimmt werden. Zur Neutronenfluenzmessung werden Aktivierungssonden, Festkörperspurdetektoren und Kernspurfilme verwendet.

Darüber hinaus versucht man, die Äquivalentdosis mit energieunabhängig anzeigenden Meßgeräten zu bestimmen. Da die Äquivalentdosis keine physikalische Größe ist und nicht die auf ein Massenelement bezogene übertragene Energie wiedergibt, kann die Sondenmethode nicht angewendet werden. Man ist daher bestrebt, durch geeignete Wahl von Detektorsubstanzen, Detektorformen und Absorbermaterialien ein von der Neutronenenergie möglichst unabhängiges Verhältnis einer Größe M und der Äquivalentdosis H zu erreichen. Im allgemeinen werden Meßgeräte eingesetzt, die mehrere Detektoren enthalten. Die Ermittlung von M erfolgt über eine Rechenvorschrift

$$M = f(M_1 \dots M_n) \tag{3.31}$$

aus den Meßwerten M_1 bis M_n der einzelnen Detektoren.

Hauptvertreter dieser Meßgeräte sind sogenannte *Moderatortypdetektoren*. Sie bestehen z. B. aus Polyethylen- oder Paraffinmoderatorkugeln, die im Zentrum Detektoren für thermische Neutronen (z. B. bestimmte Thermolumineszenz-, Radiophotolumineszenz- oder Festkörperspurdetektoren) enthalten. Für verschiedene Kugeldurchmesser ergeben sich verschiedene Meßwerte M_1 bis M_n mit unterschiedlicher Neutronenenergieabhängigkeit. Die Berechnung der nahezu energieunabhängigen Größe M (bei konstanter Neutronenfluenz) erfolgt mit Hilfe geeigneter Gewichtsfaktoren durch Linearkombination der Meßwerte M_1 bis M_n. Die durch die Energieabhängigkeit bedingte Unsicherheit der Äquivalentdosisbestimmung kann beim Moderatorkugelverfahren im Neutronenenergiebereich von 10^{-3} bis 10^7 eV kleiner 3% sein. Moderatorkugeldetektoren werden als Ortsdosimeter eingesetzt.

Abbildung 11 zeigt eine Meßanordnung zur Äquivalentdosisbestimmung, die am Körper zu tragen ist. Sie enthält neben verschiedenen Absorbersubstanzen ^{6}LiF- und ^{7}LiF-Thermolumineszenzdetektoren (s. 4.4.). Der ^{6}LiF-Detektor besitzt eine hohe Empfindlichkeit für thermische Neutronen. Zur Anzeige dieser Detektoren tragen vor allem die vom Körper zurückgestreuten thermischen Neutronen bei. Die Meßanordnung wird daher als *Albedodosimeter* bezeichnet. Aus der Anzeige der Thermolumineszenzdetektoren wird nach einer komplizierten Rechenvorschrift die Äquivalentdosis ermittelt. Albedodosimeter weisen jedoch eine wesentlich stärkere Energieabhängigkeit als Moderatortypdetektoren auf.

Die Strahlenschutzdosimetrie von Neutronen wird dadurch erschwert, daß Neutronenstrahlung im allgemeinen von Photonenstrahlung begleitet wird. Da sich die Bewertungsfaktoren von Neutronen- und Photonenstrahlung

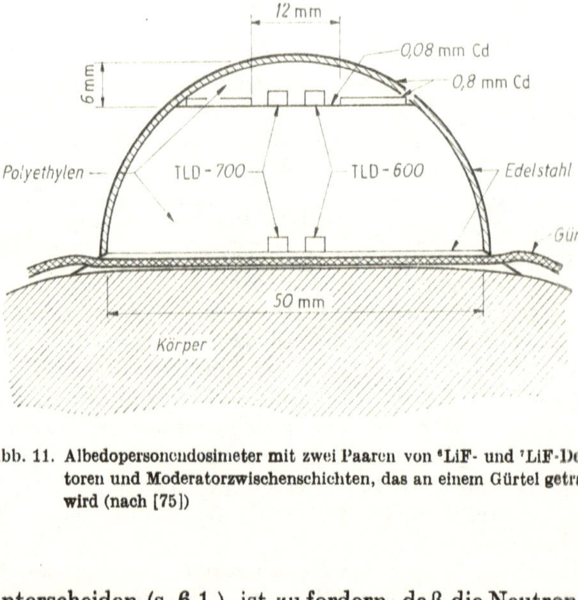

Abb. 11. Albedopersonendosimeter mit zwei Paaren von ^{6}LiF- und ^{7}LiF-Detektoren und Moderatorzwischenschichten, das an einem Gürtel getragen wird (nach [75])

unterscheiden (s. 6.1.), ist zu fordern, daß die Neutronenenergiedosis und die Photonenenergiedosis getrennt ermittelt werden.

Zur separaten Bestimmung der Photonenenergiedosis eignen sich Detektoren mit geringer Neutronenempfindlichkeit. Bei Verwendung von Proportionalzählern mit Polyethylenwänden und Ethylengasfüllung (Hurst-Zähler) kann der Photonenanteil an der Gesamtenergiedosis wirksam diskriminiert und die von den Rückstoßkernen erzeugte Neutronenenergiedosis bestimmt werden.

Literatur zu Kapitel 3.

[1, 2, 5, 9, 15, 17, 18, 19, 22, 23, 25, 30, 35, 36, 38, 41, 43, 47, 49, 53, 61, 62, 65, 66, 69, 71, 75, 77, 81, 82, 83, 84, 87, 92, 93, 99, 109]

4. Dosismessung

4.1. Kalorimetrie

Die Kalorimetrie ist eine Fundamentalmethode zur absoluten Bestimmung der Energiedosis. Sie ist für alle Strahlungsarten anwendbar und energiemäßig prinzipiell nicht beschränkt. Kalorimeter werden vorzugsweise zur Kalibrierung anderer Dosimeter verwendet.

Die einem Material durch ionisierende Strahlung zugeführte Energie W_D wird in verschiedene Energieformen umgewandelt:

$$\boxed{W_D = W_W + W_C + W_K}\,; \tag{4.1}$$

W_W ist der in Wärme umgewandelte Energieanteil von W_D, und $(W_C + W_K)$ sind die Energieanteile, die sich in Veränderungen des chemischen Zustandes bzw. des Kristallgitters manifestieren. In festen Stoffen und in Flüssigkeiten beträgt W_W im allgemeinen mehr als 95% der insgesamt übertragenen Energie W_D. Der geringe Anteil $(W_C + W_K)$, der nicht in Wärme umgesetzt wird (Wärmedefekt), läßt sich durch unabhängige Experimente abschätzen und kann durch Korrektion der kalorischen Meßwerte berücksichtigt werden. In gewebeäquivalentem Material werden z. B. ca. 4% der Energie für endotherme chemische Reaktionen in Polyethylen verbraucht. Erheblich kleiner ist der nicht in Wärme umgesetzte Energiebetrag in Metallen, Graphit und reinem Wasser.

Der prinzipielle Aufbau eines Dosiskalorimeters ist schematisch in Abbildung 12 dargestellt. Es besteht aus einem Absorberkörper, in dem die Energiedosis bestimmt werden soll, und dem Jackett, das der thermischen Isolation des Absorbers dient. Mit Hilfe von Temperaturmeßsonden (Thermistoren, Thermoelementen) werden die Temperaturen im Absorber und im Jackett bestimmt. Für eine elektrische Energiezufuhr kann man Heizwicklungen im Absorber und Jackett anbringen. Das Jackett ist meist noch von einem weiteren wärmeabschirmenden Mantel umgeben.

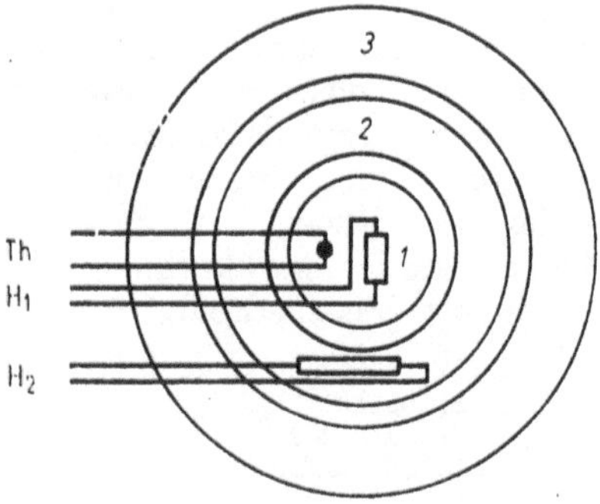

Abb. 12. Prinzipieller Aufbau eines Dosiskalorimeters (nach [98]). 1 – Absorber mit Heizer (H_1) und Temperaturmeßsonde (Th); 2 – Jackett mit Heizer (H_2); 3 – Mantel

Die Energiedosis D im Absorber des Kalorimeters ergibt sich zu

$$D = c\,\Delta T\left(1 + \frac{W_C + W_K}{W_W}\right). \tag{4.2}$$

Hierin ist c die spezifische Wärmekapazität der Absorbersubstanz und ΔT die durch Absorption ionisierender Strahlung bewirkte Temperaturerhöhung. Die Bestimmung der Energiedosis erfordert damit die Messung einer Temperaturdifferenz bzw. einer ihr äquivalenten Größe. Es sind sehr empfindliche Temperaturindikatoren erforderlich, da z. B. eine Energiedosis von 1 Gy in Wasser nur eine Temperaturerhöhung von $2 \cdot 10^{-4}$ K und in Graphit von $1{,}4 \cdot 10^{-3}$ K bewirkt.

In der Praxis werden vorwiegend drei Kalorimetertypen zur Absolutbestimmung der Energiedosis verwendet.

Isotherme Kalorimeter

Bei isothermen Kalorimetern wird die durch Absorption ionisierender Strahlung erzeugte Wärmeenergie entweder mit Hilfe einer isothermen Phasenumwandlung

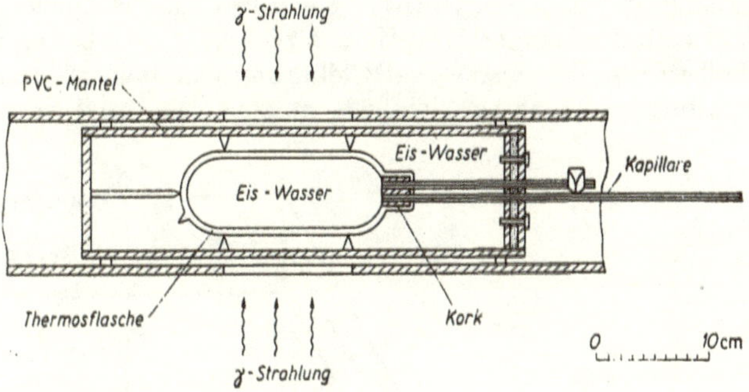

Abb. 13. Eis-Wasser-Kalorimeter (nach [63])

(Eiskalorimeter) oder durch Entzug einer gleichgroßen Wärmeenergie (z. B. durch Peltier-Kühlung) bestimmt. Der Aufbau eines einfachen isothermen Kalorimeters für die Messung der von Gammastrahlung erzeugten Energiedosis ist in Abbildung 13 dargestellt. Der Absorberkörper besteht aus einer mit einer Eis-Wasser-Mischung gefüllten Thermosflasche, die von einem ebenfalls Eis und Wasser enthaltenden Jackett umgeben ist. Die dem Absorber zugeführte Strahlungsenergie bewirkt eine Volumenkontraktion der im Thermosgefäß befindlichen Eis-Wasser-Mischung. Aus der Verschiebung des Meniskus der Meßflüssigkeit in einer kalibrierten Kapillare läßt sich die Volumenänderung exakt ermitteln und die erzeugte Wärmeenergie berechnen. Das Kalorimeter besitzt den Vorteil, daß keine Temperaturmeßfühler benötigt werden, ist jedoch relativ unempfindlich. Infolge der großen Ausdehnung des Absorberkörpers wird eine über das gesamte Sondenvolumen gemittelte Energiedosis bestimmt.

Quasiadiabatische Kalorimeter

Bei quasiadiabatischen Kalorimetern wird der Wärmeaustausch zwischen Absorberkörper und Jackett weitgehend unterbunden. Um Wärmeverluste auszuschließen, hält man die Temperaturdifferenz zwischen Absorber und Jackett durch zwangsweise Mitführung von Jackett- und Manteltemperatur so klein wie möglich. Vor und nach

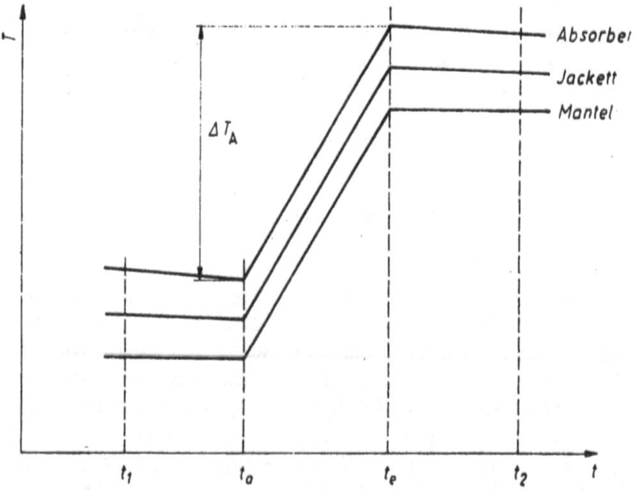

Abb. 14. Temperaturverlauf in einem quasiadiabatischen Kalorimeter (nach [98]). t_1 bis t_a – Vordrift; t_e bis t_2 – Nachdrift; t_a bis t_e – Zeitraum der Energiezuführung (Meßperiode); T – Temperaturanstieg im Absorber

der Bestrahlung wird annähernd Temperaturgleichheit durch elektrische Beheizung erreicht. Während des Einfalls ionisierender Strahlung (Meßperiode) ist der quasiadiabatische Zustand automatisch verwirklicht, weil im Absorberkörper und im Jackett die gleiche Strahlungsenergie je Masseeinheit deponiert wird. Der Temperaturverlauf in einem quasiadiabatischen Kalorimeter ist schematisch in Abbildung 14 dargestellt. Die Temperaturänderung ΔT des Absorbers wird gewöhnlich mit Thermistoren oder Thermoelementen gemessen.

Den Aufbau eines quasiadiabatischen Dosiskalorimeters zeigt Abbildung 15. Der zylindrische Absorberkörper aus gewebeäquivalentem Material hat einen Durchmesser von

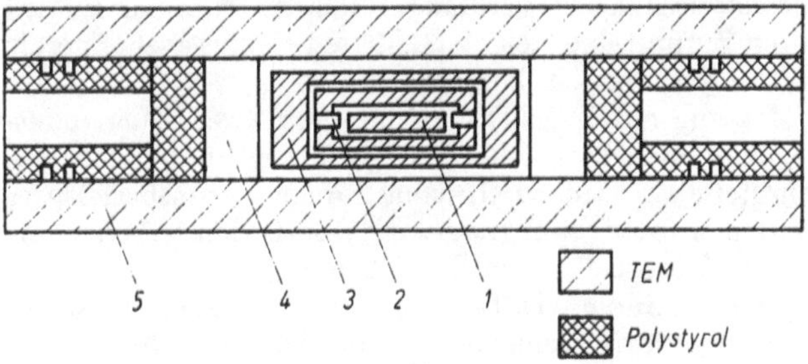

Abb. 15. Quasiadiabatisches Dosiskalorimeter (nach [95]). 1 – Absorber; 2 – Jackett; 4, 5 – Montagering und Vakuumgefäß; TEM – „Tissue Equivalent Muscle“

20 mm und eine Dicke von 4 mm. Er wird an Nylonfäden von 15 μm Dicke aufgehängt. Absorber, Jackett und Mantel sind durch Vakuumspalte von 1 mm Dicke voneinander getrennt. Sie bilden zusammen eine Einheit in einem Vakuumgefäß. Die Erhöhung der Absorbertemperatur wird mit kleinen Thermistoren gemessen, die das Strahlungsfeld nicht stören.

Differentialkalorimeter

Differential- oder Zwillingskalorimeter bestehen aus zwei identischen Absorberkörpern, die thermisch voneinander isoliert und im selben Schutzmantel untergebracht sind. Beide Systeme werden symmetrisch angeordnet, so daß Schwankungen der Umgebungstemperatur die Meßergebnisse möglichst wenig beeinflussen. Zur Temperaturmessung dienen Thermistoren in einer Brückenschaltung. Für die Bestimmung der Energiedosis mit Differentialkalorimetern sind zwei Verfahren geeignet.

Messung im Brückengleichgewicht: Durch Absorption von Strahlungsenergie erwärmt sich ein Absorberkörper. Die dadurch hervorgerufene Brückenverstimmung wird durch Zufuhr einer leicht meßbaren elektrischen Energie im zweiten Absorber kompensiert.

Messung mit Brückenverstimmung: Zwei aufeinanderfolgende Messungen nach Bestrahlung und nach definierter elektrischer Beheizung nur eines Absorberkörpers werden relativ zum zweiten Absorberkörper, der als Kontrollabsorber fungiert, durchgeführt.

Den Aufbau eines Differentialkalorimeters zur Photonendosimetrie im Energiebereich von 0,6 bis 2,0 MeV zeigt Abbildung 16. Die scheibenförmigen Absorberkörper aus Graphit besitzen einen Durchmesser von 25 mm und eine Höhe von 5 mm. Sie sind vom elektrisch heizbaren Jackett umgeben. Beide Absorber-Jackett-Systeme sind in einem gemeinsamen Mantel angeordnet. Das gesamte Kalorimetersystem steht in einem Vakuummantelgefäß, welches sich in einem Wasserbad konstanter Temperatur befindet.

Literatur zu Abschnitt 4.1.

[6, 25, 30, 42, 63, 77, 95, 98, 104]

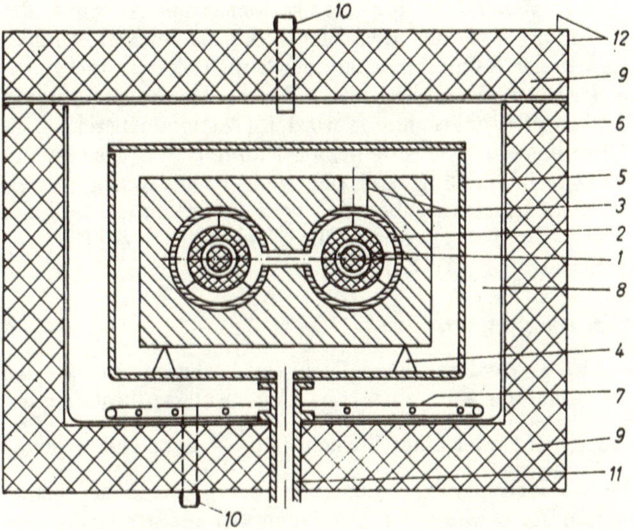

Abb. 16. **Differentialkalorimeter des Amtes für Standardisierung und Meßwesen (ASMW) der DDR (nach [98]). 1 – Absorber-Jackett-Einheit; 2 – Halterungs- und Justiereinrichtung für die Absorber-Jackett-Einheit; 3 – Mantel mit Öffnung zum Einbringen einer Hohlraumionisationskammer; 4 – Unterstützung für den Mantel; 5 – Vakuumgehäuse mit 11 – Anschluß; 6 – Thermostatenbehälter mit 8 – Wasserbad und 9 – Polyurethanschaumisolierung; 7, 10 – Zu- und Abführung des thermostatierten Wassers; 12 – Deckel des Thermostatengehäuses**

4.2. *Ionisationsdosimetrie*

Die grundlegende Bedeutung der Ionisationsmethode in der Dosimetrie beruht auf dem $\overline{W}_i$-Wert (s. 2.7.), der vom Strahlungsfeld weitgehend unabhängig ist und mit dem sich der Zusammenhang zwischen dem Meßwert der Strahlungsreaktion in einem Gas und einer Dosisgröße beschreiben läßt. Gas wird sowohl in Sekundärteilchengleichgewichts- als auch in Bragg-Gray-Sonden (Hohlraumkammern) als Meßsubstanz verwendet.

Bei Messungen mit Ionisationskammern muß die Spannung zwischen den Elektroden so gewählt werden, daß weder Rekombination noch Multiplikation der Ionen auftritt, sondern alle primär durch Strahlung erzeugten Ladungsträger gesammelt werden (Sättigungsbereich). Es kann entweder die in einer bestimmten Zeit gesammelte elektrische Ladung oder der Ionisationsstrom gemessen werden. Daraus ergeben sich bei bekanntem Gasvolumen und bekannter Gasdichte die Dosis (X, J, D) bzw. die Dosisleistung ($\dot{X}$, $\dot{J}$, $\dot{D}$).

Gleichgewichtskammern

Bei Sekundärteilchengleichgewichtskammern ist das Meßvolumen von einer aus dem Füllgas bestehenden Gasschicht oder einer hinsichtlich $\frac{\mu_{en}}{\varrho}$ dem Gas äquivalenten Kammerwand umgeben, deren Dicke der maximalen Reichweite der geladenen Sekundärteilchen entspricht. Dadurch wird gewährleistet, daß im Meßvolumen Sekundärteilchengleichgewicht herrscht (s. 3.3.).

Zur Dosimetrie von Photonen- und Elektronenstrahlung dienen Ionisationskammern mit Luftfüllung. Luftäquivalentes Material für die Photonendosimetrie besteht aus Graphit mit Aluminium- oder Magnesiumzusätzen. Es hat dieselben Wechselwirkungseigenschaften wie Luft, besitzt aber eine erheblich größere Dichte.

Die Expositionsdosis X berechnet sich aus der im Meßvolumen V erzeugten Ladung eines Vorzeichens Q mit Hilfe der Beziehung

$$X = \frac{Q}{\varrho V}, \tag{4.3}$$

wobei ϱ die Dichte der Luft ist. In der Praxis ist zu berücksichtigen, daß sich die Bedingungen für Gleichgewichtskammern nur näherungsweise erfüllen lassen, so daß die nach (4.3) berechnete Expositionsdosis mit Korrektionsfaktoren multipliziert werden muß (s. (4.6)).

Wenn am Meßort bei Abwesenheit der Kammer die Bedingungen für Sekundärelektronengleichgewicht erfüllt sind, ergibt sich entsprechend (2.33) und (3.4) die von Photonenstrahlung in Luft erzeugte Energiedosis D_L aus der Expositionsdosis X gemäß

$$D_L = (K - B)_L = (K - B_X)_L, \tag{4.4}$$

$$\boxed{D_L = \frac{\overline{W}_l}{e_0} X}. \tag{4.5}$$

Abbildung 17 sind die Wandstärken von Ionisationskammern (Sekundärelektronengleichgewichtskammern) zu entnehmen, die zur Messung der Expositionsdosis von Photonenstrahlung erforderlich sind. Für die Messung der Expositionsdosis kommen ausschließlich Gleichgewichtssonden in Betracht. Da sich Sekundärelektronengleichgewicht nur bis zu Photonenenergien von ca. 3 MeV verwirklichen läßt, gilt diese Energie als obere Grenze, bis zu der die Expositionsdosis überhaupt meßbar ist.

Zur fundamentalen Messung der Expositionsdosis von Röntgenstrahlung im Energiebereich zwischen 5 und 400 keV dienen große *Freiluftionisationskammern* (Meßunsicherheit etwa $\pm$ 1%). Abbildung 18 zeigt den prinzipiellen Aufbau einer derartigen Parallelplattenkammer, die Luft unter Normaldruck enthält. Ein durch Blenden scharf begrenztes Röntgenstrahlungsbündel durchsetzt die Kammer. Das schraffiert gezeichnete Meßvolumen ist vollständig von Luft umgeben. Auf die Masse der Luft in diesem Volumen wird die zu messende elektrische Ladung bezogen. Damit die Bedingungen für Sekundärelektronengleichgewicht erfüllt sind, müssen die im Meßvolumen gebildeten Sekundärelektronen ihre kinetische Energie vollständig durch Ionisation der Luft innerhalb der Kammer verlieren. Aus diesem Grunde werden die Kammerabmessungen so gewählt, daß die Abstände der Elektroden und Blenden vom Meßvolumen die maximalen Elektronenreichweiten übertreffen. Die Summe

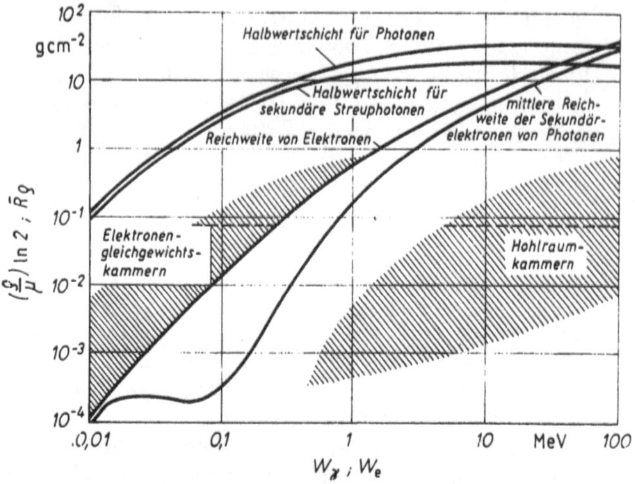

Abb. 17. Flächenmassen der Wände von Gleichgewichts- und Hohlraumkammern sowie Halbwertschichtdicken $\left(\frac{\varrho}{\mu}\right) \ln 2$ für Photonen und Massen-Reichweiten $\bar{R}_\varrho$ für Elektronen in Luft bzw. luftäquivalentem Material als Funktion der Energie (nach [61])

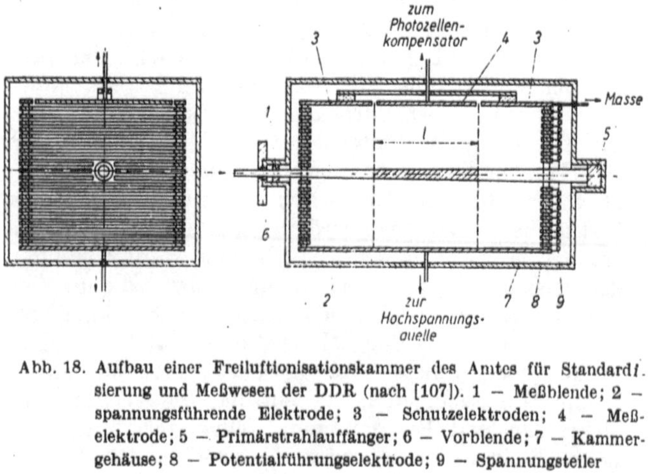

Abb. 18. Aufbau einer Freiluftionisationskammer des Amtes für Standardisierung und Meßwesen der DDR (nach [107]). 1 – Meßblende; 2 – spannungsführende Elektrode; 3 – Schutzelektroden; 4 – Meßelektrode; 5 – Primärstrahlauffänger; 6 – Vorblende; 7 – Kammergehäuse; 8 – Potentialführungselektrode; 9 – Spannungsteiler

der Energien, die von den Sekundärelektronen durch die als gestrichelte Linien angedeuteten Flächen transportiert wird, muß Null sein.

Die auf der Meßelektrode abgeschiedene elektrische Ladung wird meist mit Hilfe einer genauen Kompensationsmethode ermittelt. Die Expositionsdosis X berechnet sich nach der Beziehung

$$X = \frac{Q}{\varrho V} \prod_{j=1}^{6} k_j . \tag{4.6}$$

Es bedeuten Q — die gemessene elektrische Ladung, ϱ — die Dichte der Luft bei 0°C und 0,1013 MPa, V — das Meßvolumen der Ionisationskammer, $\prod_{j=1}^{6} k_j$ — das Produkt von Korrektionsfaktoren, k_1 — den Luftdichte-Korrektionsfaktor, k_2 — den Luftfeuchte-Korrektionsfaktor, k_3 — den Luftschwächungs-Korrektionsfaktor, k_4 — den Streuzusatz-Korrektionsfaktor, k_5 — den Elektronenverlust-Korrektionsfaktor, k_6 — den Sättigungsdefizit-Korrektionsfaktor.

Die Messung der Expositionsdosis von Photonenstrahlung mit Energien $> 0{,}5$ MeV würde wegen der großen Reichweite der Sekundärelektronen Freiluftionisationskammern von mehr als 1,5 m Ausdehnung erfordern. Für Photonenstrahlung im Energiebereich 0,5 MeV $\leqq W \leqq$ 3 MeV werden daher zur Fundamentalbestimmung der Expositionsdosis Freiluftionisationskammern mit erhöhtem Luftdruck verwendet, die außerdem noch in ein Magnetfeld eingebracht werden können. Messungen mit Freiluftionisationskammern werden im allgemeinen nur in den metrologischen Staatsinstituten durchgeführt.

In der praktischen Photonendosimetrie benutzt man vorwiegend Ionisationskammern mit luftäquivalenten Wänden. Ionisationskammern werden in unterschiedlicher geometrischer Form hergestellt. Am gebräuchlichsten sind Fingerhut-, Kugel- und Zylinderkammern. Der Meßbereich einer Ionisationskammer hängt sehr wesentlich vom Kammervolumen, von der Luftdichte und vom verwendeten Anzeigeinstrument ab. Während in der klinischen Dosimetrie kleine Ionisationskammern mit Volumina zwischen 1 mm^3 und 10 cm^3 eingesetzt werden, erfordern empfindliche Strahlenschutzmessungen Kammervolumina bis zu 10^4 cm^3.

In Neutronenstrahlungsfeldern, die vielfach auch Photonenstrahlung enthalten, kann man mit gewebeäquivalenten Gleichgewichtskammern die Energiedosis beider Strahlungsarten im Körpergewebe näherungsweise bestimmen. Für die Dosimetrie von Neutronen benutzt man eine gewebeäquivalente Füllgasmischung, bestehend aus 64,4% CH_4, 32,5% CO_2 und 3,1% N_2 (Volumenanteile). Mittelschnelle Neutronen werden auf diese Weise jedoch kaum erfaßt, weil die von ihnen erzeugten Rückstoßkerne das Füllgas zu wenig ionisieren. Zur getrennten Bestimmung der Neutronen- und Photonenenergiedosis ist eine zweite Ionisationskammer erforderlich, deren Wand aus Graphit besteht und die mit CO_2 gefüllt ist. Wegen des fehlenden Wasserstoffs und Stickstoffs ist diese Kammer nahezu unempfindlich gegenüber Neutronen. Die Neutronenenergiedosis ergibt sich aus der Differenz der Meßwerte beider Kammern unter Anwendung geeigneter Korrektionen, welche die Restneutronenempfindlichkeit der CO_2-Kammer berücksichtigen.

Hohlraumkammern

Um die Bragg-Gray-Bedingungen zu erfüllen, wird das Gasvolumen entweder direkt in das Material eingebettet, in dem die Energiedosis bestimmt werden soll (wandlose Kammer), oder es wird Wandmaterial gewählt, das die gleiche atomare Zusammensetzung wie das Umgebungsmaterial hat. Wenn die Kammerwand aus einem anderen Material als dem Umgebungsmaterial besteht, muß ihre Flächenmasse so klein sein, daß Wand-

und Gasvolumen gemeinsam die in Abschnitt 3.4. aufgestellten Bedingungen für Bragg-Gray-Sonden erfüllen. Dieser Forderung genügen nur Hohlraumkammern mit extrem dünnen Wänden und sehr kleinen Abmessungen (Kleinkammern). Die erlaubten Wanddicken von Hohlraumkammern für die Photonendosimetrie als Funktion der Photonenenergie zeigt Abbildung 17.

Bei luftgefüllten Hohlraumkammern wird aus der im Meßvolumen erzeugten Ionisationsdosis J nach (2.30) und (3.18) die im Umgebungsmaterial erzeugte Energiedosis D_M berechnet. Es gilt

$$D_M = \frac{\overline{W}_l}{e_0} J \frac{\left(\frac{S_{col}(W)}{\varrho}\right)_M}{\left(\frac{S_{col}(W)}{\varrho}\right)_L}. \tag{4.7}$$

Hohlraumkammern werden vorwiegend zur Dosimetrie von Photonen- und Elektronenstrahlung im Energiebereich zwischen 0,1 MeV und 100 MeV verwendet.

Bei Sekundärelektronengleichgewicht in Luft stimmen Ionisationsdosis und Expositionsdosis überein. In diesem

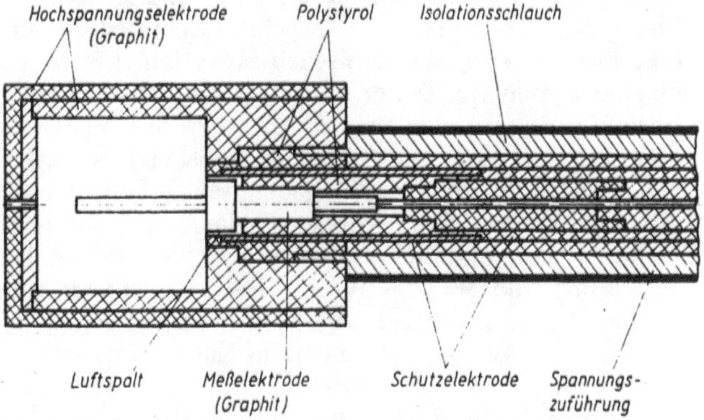

Abb. 19. Schnitt durch eine 8-cm³-Hohlraumkammer des Amtes für Standardisierung und Meßwesen der DDR (nach [70]). Dicke der Kammerwand: 4 mm; Durchmesser des Innenstiftes: 2 mm

Fall kann im Energiebereich von 0,5 MeV bis 3 MeV auch die von Photonenstrahlung erzeugte Expositionsdosis fundamental mit Hohlraumkammern gemessen werden. Abbildung 19 zeigt eine zylinderförmige Hohlraumkammer aus Reinstgraphit für ^{60}CO- und $^{137}Cs/^{137i}Ba$-γ-Strahlung.

Literatur zu Abschnitt 4.2.

[6, 25, 30, 61, 72, 73, 77, 103, 104, 107]

4.3. *Chemische Dosimetrie*

Chemische Dosimeter nutzen die in Substanzen (Festkörper, Flüssigkeiten, Gase) durch ionisierende Strahlung bewirkten meßbaren Änderungen der chemischen Zusammensetzung zur Bestimmung der Energiedosis aus. Von der auf einen Stoff durch Strahlung insgesamt übertragenen Energie wird nur ein Bruchteil für chemische Umsetzungen verbraucht (s. (4.1)). Für eine Reihe strahlenchemischer Reaktionen ist es gelungen, Bedingungen zu schaffen, unter denen dieser Energieanteil eine von der Strahlungsqualität und äußeren Einflüssen unabhängige Konstante ist. Zwischen Energiedosis und Meßgröße der strahlenchemischen Reaktion besteht daher eine Beziehung, die der Grundgleichung der Ionisationsdosimetrie äquivalent ist. An Stelle des $\overline{W}_i$-Wertes steht die Ausbeute der strahlenchemischen Reaktion.

Die Ausbeute einer strahlenchemischen Reaktion ist definiert durch N_C/W_D. Darin ist N_C die Anzahl der durch Strahlung umgewandelten Moleküle einer chemischen Verbindung und W_D die auf die Substanz übertragene Energie. In Analogie zum $\overline{W}_i$-Wert von Gasen ist der Kehrwert der Ausbeute der mittlere Energieaufwand zur Umwandlung eines Moleküls.

Es ist üblich, die *strahlenchemische Ausbeute* durch den *G-Wert* auszudrücken, der die Anzahl der umgewandelten Moleküle je 100 eV übertragener Energie angibt.

Nicht jede strahlenchemische Reaktion mit bekanntem G-Wert eignet sich jedoch zur chemischen Dosimetrie. Von einem Dosimetersystem fordert man u. a. einfache Zusammensetzung, Stabilität im unbestrahlten Zustand, Unabhängigkeit des G-Wertes von der Energiedosis, Energiedosisleistung und Temperatur, einfaches und genaues analytisches Auswerteverfahren, Fehlen von Nachbestrahlungseffekten.

Am häufigsten werden Flüssigkeitsdosimeter verwendet. Ihre Auswertung erfolgt im allgemeinen durch spektralphotometrischen Nachweis der gebildeten Reaktionsprodukte (Lambert-Beersches Gesetz). Für die Energiedosis D gilt

$$\boxed{D = \frac{\lg(\Phi_0/\Phi)_\lambda \cdot N_\mathrm{A}}{\varepsilon_\lambda G \varrho d}} \qquad (4.8)$$

mit $(\Phi_0)_\lambda$ — Lichtstrom hinter der unbestrahlten Lösung bei der Wellenlänge λ, $(\Phi)_\lambda$ — Lichtstrom hinter der bestrahlten Lösung bei der Wellenlänge λ, N_A — Avogadro-Konstante, ε_λ — molarer dekadischer Extinktionskoeffizient des nachzuweisenden Stoffes, G — G-Wert, ϱ — Dichte der Lösung, d — Schichtdicke der Lösung.

Aus (4.8) ergibt sich zur Berechnung der Energiedosis in Gy die Zahlenwertgleichung

$$D = 9{,}65 \cdot 10^6 \frac{\lg(\Phi_0/\Phi)_\lambda}{\varepsilon_\lambda G \varrho d} \qquad (4.9)$$

(ε_λ in $\mathrm{cm^{-1}\,mol^{-1}\,l}$, G in $(100\,\mathrm{eV})^{-1}$, ϱ in $\mathrm{g\,cm^{-3}}$, d in cm).

Fricke-Eisensulfatdosimeter

Das am besten untersuchte chemische Dosimetersystem ist das Fricke-Eisensulfatdosimeter. Es beruht auf der strahlenchemischen Oxydation von Fe^{2+}-Ionen in sauerstoffhaltiger schwefelsaurer Lösung. Folgender Reaktionsmechanismus wird angenommen:

$$H_2O \rightsquigarrow H\cdot, OH\cdot, H_2, H_2O_2,$$

$$H\cdot + O_2 \rightarrow HO_2\cdot,$$

$$Fe^{2+} + OH\cdot \rightarrow Fe^{3+} + OH^-,$$

$$2\,Fe^{2+} + H_2O_2 \rightarrow 2\,Fe^{3+} + 2\,OH^-,$$

$$Fe^{2+} + H^+ + HO_2\cdot \rightarrow Fe^{3+} + H_2O_2,$$

$$Fe^{3+} + H\cdot \rightarrow Fe^{2+} + H^+,$$

$$Fe^{3+} + HO_2\cdot \rightarrow Fe^{2+} + O_2 + H^+.$$

In der Normalausführung setzt sich die Standard-Fricke-Lösung (Dichte $\varrho = 1{,}024\,g\,cm^{-3}$ bei 25 °C) zusammen aus

$Fe(NH_4)_2\,(SO_4)_2$ oder $FeSO_4$, 10^{-3} molar,

NaCl, 10^{-3} molar,

H_2SO_4, 0,4 molar,

destilliertem Wasser.

Die Lösung muß luftgesättigt sein. Als Bestrahlungsgefäße werden dünnwandige Quarz- oder Glasampullen verwendet. Bei Benutzung von Kunststoffgefäßen muß man darauf achten, daß die Wände nicht von den entstehenden Radikalen angegriffen werden (chemische Vorbehandlung).

Der *G*-Wert für die Bildung der Fe^{3+}-Ionen ist in Tabelle 4 für einige Strahlungsqualitäten zusammengestellt. Die Konzentration der gebildeten Fe^{3+}-Ionen wird meist direkt spektralphotometrisch bei der Wellenlänge $\lambda = 304$ nm bestimmt. Der molare dekadische Extinktionskoeffizient von Fe^{3+} in 0,4 molarer H_2SO_4 ist stark von der Temperatur abhängig (Temperaturkoeffizient $= +0{,}7\%/K$) und beträgt bei 25 °C

$$\varepsilon_{304} = (2205 \pm 3)\ cm^{-1}\,mol^{-1}\,l.$$

Das Fricke-Eisensulfatdosimeter eignet sich zur Absolutbestimmung der Energiedosis im Bereich von

Tabelle 4
G-Werte des Fricke-Eisensulfatdosimeters für einige Strahlungsqualitäten

Strahlungsart	Energie in MeV	G in $(100\ eV)^{-1}$
^{60}Co-γ-Strahlung	1,25	15,6 ± 0,2
$^{137}Cs/^{137m}Ba$-γ-Strahlung	0,66	15,6 ± 0,5
Röntgenstrahlung	4···20	15,6 ± 0,3
Elektronenstrahlung	2···30	15,6 ± 0,3
Neutronenstrahlung	14,6	11,5 ± 1,8
Protonenstrahlung	19,3	14,5 ± 0,6

20 bis 400 Gy. Die Dosimeteranzeige ist bis 10^5 Gy s^{-1} von der Energiedosisleistung unabhängig. Die Meßunsicherheit des Fricke-Dosimeters liegt bei ±5 %.

Durch Zusatz von Kupfersulfat oder Benzoesäure werden modifizierte Eisensulfatdosimeter hergestellt, die eine geringere bzw. höhere Empfindlichkeit als die Standard-Fricke-Lösung besitzen.

Cersulfatdosimeter

Ein weiteres chemisches Dosimetersystem zur Messung hoher Energiedosen zwischen 10^3 und 10^6 Gy bei Energiedosisleistungen bis zu 10^4 Gy s^{-1} ist das Cersulfatdosimeter. Es beruht auf der Reduktion von Ce^{4+}-Ionen in schwefelsaurer Lösung unter der Wirkung der Radiolyseprodukte des Wassers. Der Reaktionsmechanismus kann wie folgt geschrieben werden:

$$Ce^{4+} + H\cdot \rightarrow Ce^{3+} + H^+,$$

$$Ce^{4+} + H_2O_2 \rightarrow Ce^{3+} + H^+ + HO_2\cdot,$$

$$Ce^{4+} + HO_2\cdot \rightarrow Ce^{3+} + H^+ + O_2,$$

$$Ce^{3+} + OH\cdot \rightarrow Ce^{4+} + OH^-.$$

Die Zusammensetzung des Cersulfatdosimeters ist

$Ce(SO_3)_2$, 0,001 bis 0,5 molar,

H_2SO_4, 0,4 molar,

dreifach destilliertes Wasser.

Wenn der Umsatz an Ce^{4+}-Ionen 25 bis 30% des Ausgangswertes nicht überschreitet, besteht zwischen Energiedosis und gebildeter Ce^{3+}-Konzentration ein linearer Zusammenhang. Das Cersulfatdosimeter wird besonders zur Dosimetrie von Photonen- und Elektronenstrahlung verwendet. Folgende G-Werte für die Bildung der Ce^{3+}-Ionen werden angegeben:

^{60}Co-γ-Strahlung: $G = (2{,}63 \pm 0{,}05)\ 10^{-2}\ \mathrm{eV}^{-1}$,

Elektronen (1 bis 24 MeV): $G = (2{,}50 \pm 0{,}03) \times 10^{-2}\ \mathrm{eV}^{-1}$.

Die bequemste Auswertemethode ist die spektralphotometrische Messung der restlichen Ce^{4+}-Ionen bei $\lambda = 320$ nm. Der molare dekadische Extinktionskoeffizient der Ce^{4+}-Ionen in 0,4 molarer H_2SO_4 hat zwischen 15 und 25 °C den Wert

$$\varepsilon_{320} = (5565 \pm 15)\ \mathrm{cm}^{-1}\ \mathrm{mol}^{-1}\ \mathrm{l}.$$

Weitere chemische Dosimetersysteme, die gelegentlich in der Praxis Verwendung finden, beruhen auf der Radiolyse wäßriger Lösungen von Benzol, Chlorbenzol oder Oxalsäure und der Ver- oder Entfärbung von Kunststoffen.

Literatur zu Abschnitt 4.3.

[6, 10, 25, 26, 27, 31, 46, 48, 55, 63, 65, 76, 77, 96, 105, 110]

4.4. *Festkörperdosimetrie*

Bei der Bestrahlung von Festkörpern wird ein bestimmter Anteil der insgesamt auf das Material übertragenen Energie W_D zur Erzeugung von Strahlungsreaktionen aufgewendet, die man zur Bestimmung der Energiedosis ausnutzt. Dieser Energieanteil beträgt höchstens einige Prozent von W_D.

Für die Ionisations- und die chemische Dosimetrie ist es gelungen, Beziehungen zwischen der Anzahl der Reaktionsprodukte und der Energiedosis zu gewinnen, die so allgemeingültig sind, daß sie eine Bestimmung der Energiedosis in einem Strahlungsfeld ohne Kalibrierung der speziellen Meßanordnung gestatten. Für die Festkörperdosimetrie kann keine dem $\overline{W}_l$- oder G-Wert äquivalente Größe angegeben werden. Dafür ist in erster Linie folgender Umstand maßgebend:

Strahleninduzierte Reaktionen in Festkörpern sind in hohem Maße von der Realstruktur abhängig und werden durch im System befindliche Mikrokomponenten so stark beeinflußt, daß die Reaktionskonstanten für verschiedene Proben desselben Systems stark differieren können. Es ist daher für die Festkörperdosimetrie bisher nicht möglich gewesen, grundlegende Beziehungen zu gewinnen, die den Gleichungen (4.5) und (4.8) entsprechen. In der Festkörperdosimetrie muß das Meßsystem, bestehend aus der Dosimetersonde und einer Auswerteanordnung, als Ganzes kalibriert werden. Man erhält Kalibrierungskurven

$$M = f(\overline{D}_S), \tag{4.10}$$

wobei $\overline{D}_S$ die mittlere Energiedosis im Festkörperdosimeter und M der mit der Auswerteanordnung ermittelte Meßwert ist. Für zahlreiche Festkörperdosimeter ist die Funktion (4.10) in bestimmten Meßbereichen linear, insbesondere dann, wenn eine homogene Energiedosisverteilung in der Sonde vorliegt. Die Kalibrierungskurve eines Festkörperdosimeters kann durch jede der Beziehungen (3.11), (3.15), (3.18) und (3.30) gewonnen werden. Die Dosimetersubstanz ist dabei als das Material anzusehen, in dem mit Hilfe der Kalorimetrie, Ionisationsdosimetrie oder chemischen Dosimetrie die Energiedosis bestimmt wird.

Der breite Einsatz von Festkörpersonden in allen Bereichen der praktischen Dosimetrie wird maßgeblich durch folgende Eigenschaften bestimmt: kleine Abmessungen, hohe Stabilität, großer Meßbereich, geringe Energieabhängigkeit, einfache Auswertung.

Thermolumineszenzdosimetrie (TLD)

Unter den Methoden der Festkörperdosimetrie hat die Thermolumineszenzdosimetrie mit Speicherphosphoren die größte Bedeutung erlangt. Die Thermolumineszenzdosimetrie verwendet die Eigenschaft einiger mit Fremdatomen dotierter anorganischer Stoffe, sogenannter *Speicherphosphore*, nach Anregung mit ionisierender Strahlung bei Erwärmung Licht auszusenden. Für die praktische Dosimetrie sind folgende Stoffe bedeutsam: LiF:Mg,Ti; CaF_2:Mn; $Li_2B_4O_7$:Mn; $CaSO_4$:Dy und BeO:Na. Diese Speicherphosphore zeichnen sich vor der großen Anzahl von Thermoluminophoren dadurch aus, daß sie durch ionisierende Strahlung mit einer hohen Ausbeute an Thermolumineszenzlicht anregbar sind und ein gutes Energiespeicherungsvermögen besitzen.

Das Thermolumineszenzverhalten der Speicherphosphore wird durch einfache elektronenkinetische Modelle phänomenologisch beschrieben. In Abbildung 20 ist als Beispiel das Modell für den bimolekularen Reaktionsmechanismus angegeben. Bei Anregung eines Speicherphosphors mit ionisierender Strahlung bilden sich im Festkörper freie Elektronen, die sich an Haftstellen anlagern und bei Zimmertemperatur in diesen Termen verbleiben. Bei Erwärmung werden die Elektronen von den Haftstellen abgelöst und rekombinieren mit Zentren

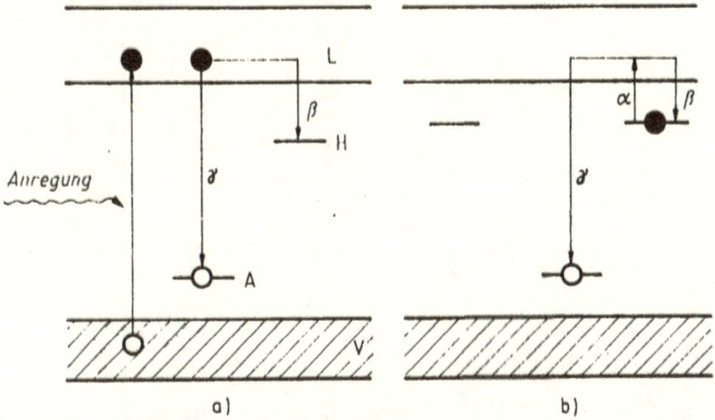

Abb. 20. Energiebändermodell zur Kinetik der Thermolumineszenz. a) Anregung und direkte Rekombination unter Emission von Fluoreszenzlicht, b) Rekombination nach thermischer Befreiung aus den Haftstellen unter Emission von Phosphoreszenzlicht (Thermolumineszenz). (• – Elektron, ○ – Defektelektron, V – Valenzband, L – Leitungsband, A – Aktivatorterm, H – Haftterm, δ – Anregung, β – Einfang von Elektronen in den Haftstellen, α – thermische Befreiung, γ – strahlender Rekombinationsübergang)

entgegengesetzter Ladung unter Aussendung von Lumineszenzlicht.

Zur Auswertung bestrahlter Speicherphosphore zeichnet man den Verlauf des Lichtstromes Φ_{TL} beim Aufheizprozeß als Funktion der Aufheiztemperatur T auf und erhält die sogenannte *Glowkurve* $\Phi_{TL} = \Phi_{TL}(T)$, die bei bestimmten Temperaturen $T_{mi} (i = 1, 2 \ldots)$ Maxima $\Phi_{TL}(T_{mi})$ besitzt. In Abbildung 21 ist die typische Glowkurve eines linear aufgeheizten LiF:Mg,Ti-Phosphors nach Bestrahlung mit γ-Strahlung dargestellt. Der Maximalwert des Lichtstromes $\Phi_{TL}(T_{mi})$ bei einer bestimmten Temperatur T_{mi} bzw. die gesamte vom Speicherphosphor emittierte Lichtsumme

$$Q_{TL} = \int_{T_A}^{T_E} \Phi_{TL}(T) \, dT \qquad (4.11)$$

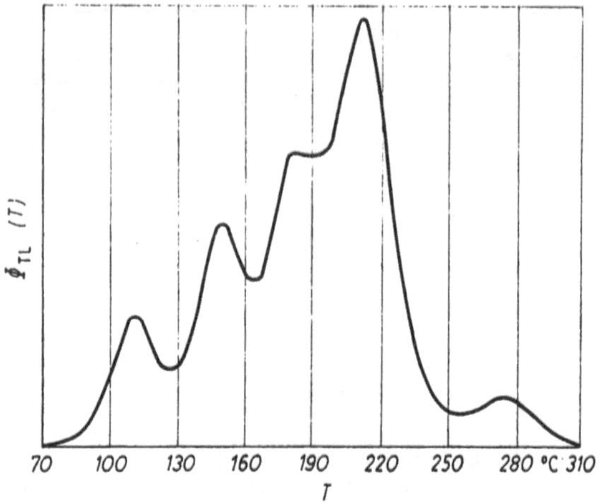

Abb. 21. Glowkurve des Speicherphosphors. LiF:Mg,Ti (lineare Aufheizgeschwindigkeit $q = \frac{dT}{dt} = 0{,}5\ Ks^{-1}$) (nach [112])

sind der Energiedosis proportional (T_A, T_E – Anfangs- und Endtemperatur). Die Glowpeaktemperatur, die Glowpeakhöhe und die Lichtsumme hängen von der Aufheizgeschwindigkeit ab.

Die Verwendung der Thermolumineszenz als Maß für die Energiedosis verlangt Auswertegeräte, die folgende Funktionen ausführen: Aufheizung des bestrahlten Speicherphosphors, Umwandlung des Thermolumineszenzlichtstromes mit Hilfe eines Photovervielfachers in einen elektrischen Strom, Aufzeichnung der Glowkurve bzw. Erfassung eines Strommaximums oder der Gesamtladung mit einer geeigneten Elektronik. Schematisch ist der Aufbau eines Auswertegerätes in Abbildung 22 wiedergegeben. In Dosimeterauswertegeräten für den Routinebetrieb wird der Speicherphosphor auf einem stromdurchflossenen Metallheizband in einer Vertiefung erwärmt. Der Strom des Photovervielfachers wird elektronisch integriert und der Meßwert digital angezeigt.

Thermolumineszenzdosismeßsonden werden entweder als kleine gekapselte Pulvermengen oder in Form fester Tabletten bzw. Stäbchen verwendet, wie sie durch Einlagerung des pulverförmigen Speicherphosphors in wärmebeständige Kunststoffe (Teflon, Silikonkautschuk) oder durch Sintern des gepreßten Pulvers entstehen.

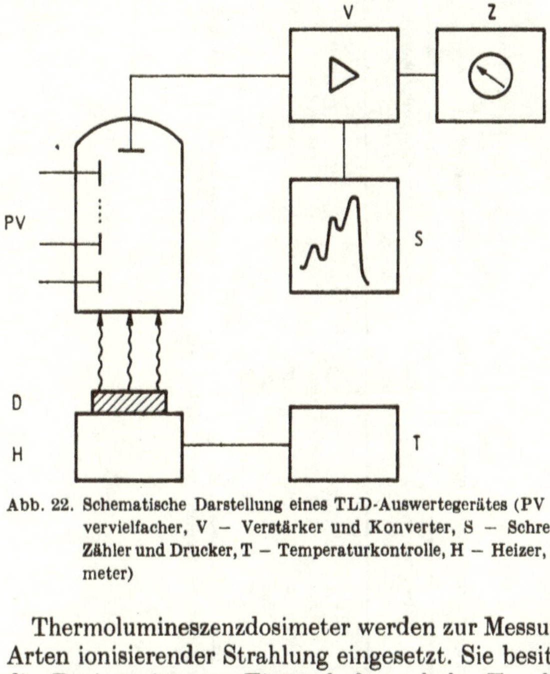

Abb. 22. Schematische Darstellung eines TLD-Auswertegerätes (PV – Photovervielfacher, V – Verstärker und Konverter, S – Schreiber, Z – Zähler und Drucker, T – Temperaturkontrolle, H – Heizer, D – Dosimeter)

Thermolumineszenzdosimeter werden zur Messung aller Arten ionisierender Strahlung eingesetzt. Sie besitzen für die Dosimetrie gute Eigenschaften: hohe Empfindlichkeit, großen linearen Meßbereich, geringe γ-Energieabhängigkeit, kleine Abmessungen, Dosisleistungsunabhängigkeit, geringes Fading (s. Tab. 5). Die mit Hilfe von (3.14) berechnete γ-Energieabhängigkeit der relativen Meßempfindlichkeit ε_{rel} verschiedener Speicherphosphore ist in Abbildung 23 dargestellt.

Tabelle 5
Einige Eigenschaften von Speicherphosphoren für die Thermolumineszenzdosimetrie (TLD)

Speicher-phosphor	ϱ in g cm^{-3}	Z_{eff}	$\varepsilon_{rel,max}$	T_{mi} in °C	λ_m in nm	Energiedosisbereich in Gy	Fading bei Zimmertemperatur
LiF:Mg, Ti	2,60	8,2	1,35	210	400	10^{-5} bis 10^3	3%/Monat
CaF_2:Mn	3,18	16,3	14,5	240	520	10^{-5} bis 10^3	10%/Monat
$Li_2B_4O_7$:Mn	2,30	7,4	0,8	230	600	10^{-3} bis 10^4	10%/Monat
$CaSO_4$:Dy	2,96	15,3	12	220	450	10^{-5} bis 10^3	5%/Monat
BeO:Na	3,01	7,5	0,9	180	400	10^{-3} bis 10^3	5%/Monat

(ϱ – Dichte, Z_{eff} – effektive Ordnungszahl, $\varepsilon_{rel\,max}$ – berechneter Maximalwert der γ-Energieabhängigkeit, bezogen auf Luft, T_{mi} – Hauptpeaktemperatur, λ_m – Wellenlänge des Emissionsmaximums)

Zur Messung von Röntgen- und γ-Strahlung werden am häufigsten LiF-Sonden eingesetzt. LiF übertrifft mit $Z_{eff} = 8{,}3$ die effektive Ordnungszahl der Luft um 7,5%. Energieunabhängige Messungen von Photonenstrahlung sind oberhalb von 300 keV möglich. Unterhalb von 300 keV ist ein Empfindlichkeitsanstieg um den Faktor 1,35 bei 30 keV festzustellen. Durch Filterung mit 1 mm Aluminium läßt sich die Energieabhängigkeitskurve des LiF

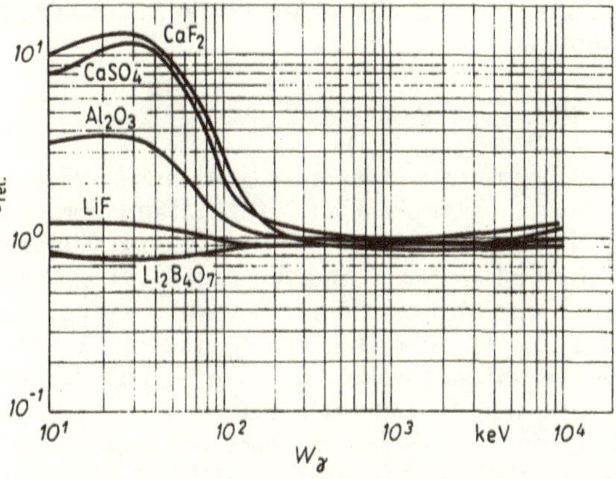

Abb. 23. Berechnete γ-Energieabhängigkeit der relativen Meßempfindlichkeit ε_{rel} verschiedener Speicherphosphore (Bezugssubstanz: Luft)

so beeinflussen, daß oberhalb von 30 keV nur noch eine Energieabhängigkeit von $\pm 5\%$ verbleibt. Für schnelle Elektronen zeigt LiF im Energiebereich zwischen 5 und 40 MeV keine merkliche Energieabhängigkeit der Eigenempfindlichkeit.

Zur Neutronendosimetrie wird neben LiF mit der natürlichen Isotopenzusammensetzung des Lithiums auch mit ^{6}Li bzw. ^{7}Li hochangereichertes LiF verwendet. Während ^{7}LiF gegenüber thermischen Neutronen weitgehend unempfindlich ist, besitzen normales LiF und ^{6}LiF eine um den Faktor 22 bzw. 320 höhere Empfindlichkeit

(Meßwert geteilt durch Neutronenfluenz) für thermische Neutronen.

In gemischten n, γ-Feldern erlauben Differenzmessungen mit ^7LiF und ^6LiF die Trennung der Anteile von Photonen- und thermischer Neutronenstrahlung.

Die geringe Empfindlichkeit von LiF:Mg,Ti für schnelle Neutronen kann durch Mischen mit wasserstoffreichen organischen Verbindungen gesteigert werden. Auch durch Einbetten von LiF-Sonden in Moderatorkugeln aus Polyethylen oder Paraffin können schnelle Neutronen gemessen werden.

Radiophotolumineszenzdosimetrie

Durch Einwirkung ionisierender Strahlung werden in silberaktivierten Metaphosphat- und Lithiumboratgläsern Photolumineszenzzentren gebildet, die bei Zimmertemperatur stabil sind. Bei Anregung mit UV-Licht tritt eine Lumineszenzemission in einem langwelligen Spektralbereich auf, die vor der Bestrahlung mit ionisierender Strahlung nicht zu beobachten ist. Man bezeichnet diese durch ionisierende Strahlung induzierte und nach der Bestrahlung durch UV-Licht wiederholt anregbare Lumineszenz als *Radiophotolumineszenz* (RPL). Der Lichtstrom Φ_{RPL} der Radiophotolumineszenz bei konstanter UV-Anregung ist der im Glas erzeugten Energiedosis proportional. Er wird mit einem Spektrofluorometer gemessen (Abb. 24).

Dosimetergläser unterschiedlicher Zusammensetzung werden in Form von kleinen Quadern oder dünnen, zylindrischen Nadeln kommerziell hergestellt.

Der lineare Meßbereich von RPL-Glasdosimetern reicht bis etwa 10 Gy. Oberhalb 10 Gy weicht die Anzeigecharakteristik vom linearen Verlauf ab und geht in einen Sättigungsbereich über. Der ausnutzbare Meßbereich endet bei etwa 10^3 Gy. Entscheidend für die untere Nachweisgrenze ist der Nulleffekt (auch „Vordosis" genannt) der unbestrahlten Gläser. Er hängt vom Glastyp, der

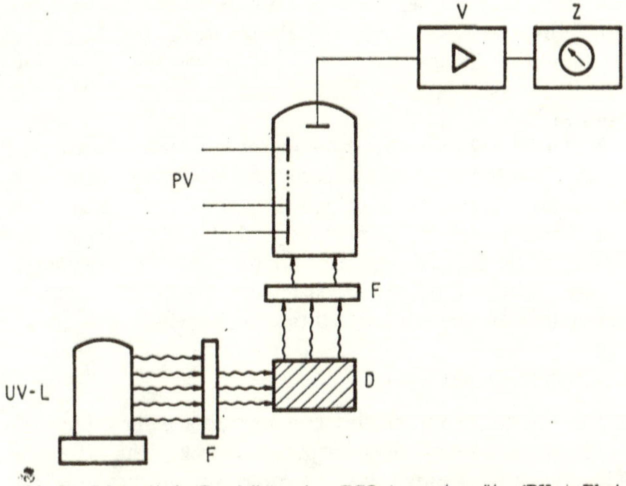

Abb. 24. Schematische Darstellung eines RPL-Auswertegerätes (PV – Photovervielfacher, V – Verstärker, Z – Anzeigeinstrument, UV-L – Quecksilberhochdrucklampe, F – optisches Filter, D – Dosimeter)

Sauberkeit der Detektoroberfläche (Waschen im Ultraschallbad vor der Auswertung) und von der Konstruktion des Auswertegerätes (Streulicht) ab. Bei großer Sorgfalt sind Vordosiswerte von 1 bis 2 mGy zu erreichen. Messungen von Energiedosen unter 0,5 mGy sind bei individueller Erfassung der Vordosis jedes einzelnen Glases möglich. Die Meßunsicherheit liegt zwischen 3 und 5%.

RPL-Gläser zeigen nach der Bestrahlung mit ionisierender Strahlung einen Anklingeffekt. Der bei UV-Anregung meßbare RPL-Lichtstrom Φ_{RPL} erreicht nicht sofort, sondern erst längere Zeit nach dem Bestrahlungsende, seinen Maximalwert. Handelsübliche Dosimetergläser zeigen bei Zimmertemperatur nach einer Stunde 80% und nach einem Tag 95% des RPL-Endwertes. Durch eine kurze Wärmebehandlung (15 Minuten bei 150 °C) kann man erreichen, daß sich der Endwert der Radiophotolumineszenz Φ_{RPL} sofort einstellt. Das Fading der RPL beträgt bei Zimmertemperatur weniger als 5% pro Jahr, wenn intensive UV-Bestrahlung und Lagerung in feuchter Atmosphäre vermieden werden. Zur Meßwertlöschung heizt man RPL-Dosimeter etwa 30 Minuten bei 400 °C aus.

Radiophotolumineszenzdosimeter werden vorwiegend in der Photonen- und Elektronendosimetrie eingesetzt. Die relativ hohe γ-Energieabhängigkeit der Gläser wird mit Metallfiltern korrigiert (s. Abb. 6). Auf Grund des Gehaltes an Ag, Li und B sind die meisten Dosimetergläser sehr empfindlich für thermische Neutronen. Schnelle Neutronen werden direkt nicht erfaßt.

Festkörperspurdetektoren

Für die Neutronendosimetrie gewinnen neben Thermolumineszenzsonden Festkörperspurdetektoren, die zur Fluenzmessung eingesetzt werden, immer größere Bedeutung. Sie beruhen darauf, daß schwere geladene Teilchen in Glimmer, Gläsern und gewissen Polymeren submikroskopische Spuren strahlengeschädigten Materials hinterlassen, die durch chemische Ätzmittel selektiv stärker angegriffen werden als die nicht strahlengeschädigte Umgebung. Auf diese Weise entstehen Ätzgruben, die im normalen Lichtmikroskop sichtbar sind. Neutronen erzeugen wegen der fehlenden Ladung unmittelbar keine ätzbaren Spuren. Ihr Nachweis ist auf Grund der Wechselwirkungsprozesse mit Atomkernen möglich, die zur Bildung energiereicher geladener Teilchen führen.

Für den indirekten Neutronennachweis sind drei Verfahren geeignet:

a) Kombination des Detektors (Glimmer, Glas, Polymerfolie) mit einer Schicht aus spaltbarem Material und Registrierung der durch Kernspaltung erzeugten schweren Spaltfragmente,
b) Kombination des Detektors (Polymerfolie) mit einer ^{6}Li- oder ^{10}B-haltigen Schicht und Registrierung der durch die (n, α)-Reaktion entstehenden α-Teilchen,

c) Registrierung der im Detektor (Polymerfolie) selbst durch schnelle Neutronen erzeugten Rückstoßkerne.

In allen diesen Fällen ist die Zahl der erzeugten Ätzspuren ein Maß für die Neutronenfluenz. Wenn das Energiespektrum der Neutronen bekannt ist, läßt sich daraus die Neutronenenergiedosis berechnen (s. 3.6.).

Bei Neutronendetektoren mit Spaltstoffbedeckung kann durch Wahl geeigneter Spaltmaterialien und zusätzliche Neutronenabsorber (Cadmium) die Energieabhängigkeit in einem weiten Bereich beeinflußt werden. Zum Nachweis thermischer Neutronen benutzt man meist Spaltfolien aus ^{235}U oder ^{239}Pu, während für die Registrierung schneller Neutronen ^{232}Th, ^{238}U und ^{237}Np in Frage kommen. Mit derartigen Detektorsystemen ist der getrennte Nachweis thermischer, intermediärer und schneller Neutronen möglich. Nachteile von Spaltstoff-Spurdetektor-Kombinationen sind der verhältnismäßig hohe Preis einiger Spaltmaterialien, die von den Spaltstoffen ausgehende γ- und α-Strahlung sowie der erhöhte Untergrund durch Spontanspaltung.

Diese Schwierigkeiten werden von den Verfahren b) und c) vermieden, die auf der Registrierung der von Neutronen freigesetzten α-Teilchen und Rückstoßkerne beruhen. Damit ist aber eine Beschränkung der Detektormaterialien auf Polymerfolien verbunden, weil nur diese eine ausreichende Empfindlichkeit für den Nachweis von α-Teilchen und leichten Rückstoßkernen besitzen.

Zur Messung thermischer Neutronen über die (n, α)-Reaktionen an ^{6}Li und ^{10}B hat sich die Kombination von Polymerfolien (Zelluloseazetat, Polycarbonat) mit LiF- oder $Li_2B_4O_7$-Thermolumineszenzdetektoren bewährt, weil letztere gleichzeitig die γ-Strahlung erfassen.

Die Energieschwelle für den Nachweis schneller Neutronen über die in Polymerfolien erzeugten ätzbaren Spuren von Kohlenstoff-, Stickstoff- und Sauerstoffrückstoßkernen liegt zwischen 0,7 und 1,2 MeV.

Die besonderen Vorteile von Festkörperspurdetektoren

gegenüber den früher vielfach in der Neutronendosimetrie verwendeten photographischen Kernspuremulsionen bestehen in ihrer absoluten Unempfindlichkeit für Photonenstrahlung und in dem vernachlässigbar kleinen Fading der latenten Spuren bis zu Temperaturen von 100 °C.

Neben der Thermolumineszenz, der Radiophotolumineszenz und der Bildung ätzbarer Teilchenspuren werden in der Festkörperdosimetrie noch folgende Effekte ausgenutzt: Schwärzung photographischer Emulsionen; prompte Lumineszenz in anorganischen und organischen Szintillatoren, Induzierung von Ladungsträgern in Halbleitern, Änderung der optischen Durchlässigkeit von Gläsern und Hochpolymeren, thermisch stimulierte Exoelektronenemission von Kristallen, Lyolumineszenz anorganischer und organischer Verbindungen, thermisch stimulierte Leitfähigkeit in Kristallen.

Literatur zu Abschnitt 4.4.

[3, 6, 8, 10, 11, 12, 13, 15, 17, 25, 31, 33, 44, 59, 68, 102, 111, 112, 113]

5. Dosisberechnung

5.1. Strahlungsquellen definierter Geometrie

Neben Dosisberechnungen aus den Meßwerten von Sonden und gemessenen Strahlungsfeldgrößen spielen in der Dosimetrie auch rein rechnerische Methoden zur Dosisermittlung eine wichtige Rolle, welche z. B. die Kenntnis der Quellstärke bzw. der Aktivität der Strahlungsquellen voraussetzen.

Die analytische Darstellung des von einer bestimmten Quellenverteilung erzeugten Strahlungsfeldes ist durch Lösung der Transportgleichung prinzipiell möglich. Bei Kenntnis von (2.2) lassen sich für jeden Ort in einem Strahlungsfeld die interessierenden Dosisgrößen berechnen. Die Lösung der Transportgleichung bereitet jedoch erhebliche Schwierigkeiten, wenn nicht ausgesprochen einfache Randbedingungen vorliegen. Die Berechnung von Strahlungsfeld- bzw. Dosisgrößen erfolgt daher häufig auf numerischem Wege mit Hilfe elektronischer Rechenanlagen, wobei die Monte-Carlo-Methode zur Anwendung gelangt. Hierbei werden mit Hilfe von Zufallszahlen die Einzelschicksale einer repräsentativ großen Anzahl emittierter Teilchen verfolgt, so daß man auf statistischer Grundlage für einen interessierenden Ort im Strahlungsfeld Aussagen über die Zahl der Teilchen sowie ihre Energie- und Richtungsverteilung gewinnt.

Für einige geometrisch einfache Quellenverteilungen lassen sich Strahlungsfeld- und Dosisgrößen auch ohne Zuhilfenahme der Transportgleichung berechnen. Den für die Praxis wichtigsten Sonderfall stellt die Punktquelle dar.

Eine Strahlungsquelle ist dann als punktförmig anzusehen, wenn ihre linearen Abmessungen klein im Vergleich zum Abstand r zwischen Quelle und Aufpunkt sind. Wenn sich eine solche Strahlungsquelle in einem homogenen Material befindet und die Emission isotrop erfolgt, liegt ein kugelsymmetrisches Strahlungsfeld vor, in dem die Strahlungsfeld- und Dosisgrößen allein vom Abstand r abhängen.

Zur Charakterisierung einer Strahlungsquelle dient die *Quellstärke* oder Emissionsrate B_S. Sie ist definiert als Quotient von $\mathrm{d}N$ und $\mathrm{d}t$, wobei $\mathrm{d}N$ die Zahl der Teilchen angibt, die im Zeitintervall $\mathrm{d}t$ durch die Oberfläche der Strahlungsquelle treten:

$$\boxed{B_S = \frac{\mathrm{d}N}{\mathrm{d}t}}. \tag{5.1}$$

Die Einheit der Quellstärke ist 1/Sekunde (s^{-1}). Bei radioaktiven Quellen ist meist nicht die Quellstärke, sondern die Umwandlungsrate oder *Aktivität* A bekannt, die der

Zahl N der noch nicht umgewandelten Atomkerne proportional ist:

$$\boxed{A = -\frac{\mathrm{d}N}{\mathrm{d}t} = \lambda N}. \tag{5.2}$$

Die für das betreffende Nuklid charakteristische Konstante λ heißt Umwandlungskonstante. Die SI-Einheit der Aktivität[1]) ist die reziproke Sekunde. Sie trägt den eigenen Namen Becquerel (Kurzzeichen Bq):

$$1\,\mathrm{Bq} = 1\,\mathrm{s}^{-1}.$$

Für Gammastrahlungsquellen gilt zwischen Quellstärke B_S und Aktivität A die Beziehung:

$$B_S = A \sum_j p_j. \tag{5.3}$$

Darin ist p_j die Wahrscheinlichkeit, mit der je Kernumwandlung ein Photon der Energie W_j emittiert wird. Beziehung (5.3) gilt unter der Voraussetzung, daß innerhalb der Quelle keine Photonenabsorption auftritt.

Wenn in der Strahlungsquelle und im homogenen Umgebungsmaterial Absorption und Streuung vernachlässigbar sind, ergibt sich mit Hilfe von (5.3) für die Photonenflußdichte φ im Abstand r von einer punktförmigen Gammastrahlungsquelle das quadratische Abstandsgesetz:

$$\varphi = \frac{A \sum_j p_j}{4\pi r^2}. \tag{5.4}$$

Bei monoenergetischer Photonenstrahlung der Energie W besteht zwischen Energiefluenz Ψ und Teilchenfluenz Φ der Zusammenhang

$$\Psi = W\Phi. \tag{5.5}$$

---

[1]) Bisher wurde die spezielle Aktivitätseinheit Curie (Kurzzeichen Ci) benutzt:
$1\,\mathrm{Ci} = 3{,}7 \cdot 10^{10}\,\mathrm{Bq}$,
$1\,\mathrm{Bq} = 27{,}03\,\mathrm{pCi}$.

Für die zeitliche Änderung der Differenz von Kerma K und modifiziertem Bremsstrahlungsverlust B_X in Luft

$$\frac{\mathrm{d}(K - B_X)_\mathrm{L}}{\mathrm{d}t}$$

im Abstand r von der Punktquelle folgt daher aus (2.7), (3.7) und (3.8):

$$\frac{\mathrm{d}(K - B_X)_\mathrm{L}}{\mathrm{d}t} = \frac{A}{4\pi r^2} \sum_j \frac{\mu_\mathrm{en}}{\varrho} (W_j)_\mathrm{L} W_j p_j. \tag{5.6}$$

Darin ist $\frac{\mu_\mathrm{en}}{\varrho} (W_j)_\mathrm{L}$ der Massen-Energieabsorptionskoeffizient von Luft bei der Photonenenergie W_j.

Unter Berücksichtigung von (2.33) erhält man mit Hilfe von (5.6) dieExpositionsdosisleistung $\dot{X}$:

$$\dot{X} = \frac{e_0}{\overline{W}_\mathrm{i}} \frac{A}{4\pi r^2} \sum_j \frac{\mu_\mathrm{en}}{\varrho} (W_j)_\mathrm{L}\, W_j p_j \tag{5.7}$$

mit e_0 — Elementarladung und $\overline{W}_\mathrm{i}$ — mittlerer Energieaufwand zur Bildung eines Ionenpaares.

Die Umrechnung von der Expositionsdosisleistung auf die Energiedosisleistung mit Hilfe von (4.5) kann nur für große Abstände von der Punktquelle erfolgen, wenn Sekundärelektronengleichgewicht in Luft vorliegt.

Faßt man einige Größen in (5.7) zusammen, so erhält man die für die Praxis wichtige Beziehung

$$\boxed{\dot{X} = \Gamma \frac{A}{r^2}}. \tag{5.8}$$

Die Größe Γ heißt *spezifische Gammastrahlungskonstante.* In Tabelle 6 sind für einige Nuklide berechnete Werte von Γ zusammengestellt. Die bei der inneren Konversion und beim E-Einfang emittierte Röntgen-K-Strahlung bleibt bei der Berechnung von Γ in der Regel unberücksichtigt.

Wandelt sich ein radioaktives Nuklid in kurzlebige Folgenuklide um, so gibt man Γ für den Fall an, daß sich das Nuklid mit den Folgeprodukten im radioaktiven Gleichgewicht befindet. Abweichend von der üblichen Gepflogenheit wird Γ für das Nuklid ^{226}Ra nicht auf die Aktivität, sondern auf die Masse bezogen und außerdem für eine Filterdicke von 0,5 mm Platin angegeben.

Tabelle 6

Spezifische Gammastrahlungskonstanten Γ einiger radioaktiver Nuklide in 10^{-18} C m^2 kg^{-1} (nach [37])

Nuklid		Nuklid	
^{22}Na	2,300	^{124}Sb	1,913
^{24}Na	3,540	^{125}J	0,0085
^{42}K	0,263	^{130}J	2,359
^{52}Mn	3,296	^{131}J	0,410
^{54}Mn	0,906	^{132}J	2,582
^{59}Fe	1,214	^{137}Cs/^{137}Ba	0,625
^{58}Co	1,067	^{170}Tm	0,0025
^{60}Co	2,514	^{182}Ta	1,146
^{64}Cu	0,225	^{192}Ir	0,859
^{65}Zn	0,577	^{198}Au	0,447

Bei großem Abstand von einer Punktquelle bzw. sehr hohen Genauigkeitsforderungen ist die nach (5.8) berechnete Expositionsdosisleistung mit Korrektionsfaktoren zu multiplizieren, welche die Absorption und Streuung der Photonen in der Luft und in der Quelle berücksichtigen.

Bei punktförmigen β- oder α-Strahlungsquellen können Absorptions- und Streuprozesse selbst in kleinen Abständen von den Quellen nicht mehr vernachlässigt werden. Für die Energiedosisleistung $\dot{D}_\beta$ im Abstand r von einer β-Strahlungsquelle gilt

$$\dot{D}_\beta = I_\beta(r)\,\frac{A}{r^2}. \tag{5.9}$$

Das Analogon zur spezifischen Gammastrahlungskonstante ist die vom Abstand abhängige *Punktquellendosisfunktion* $I_\beta(r)$. In der Praxis stützt man sich vorwiegend auf graphische Darstellungen von $I_\beta(r)$. [25, 38]

Voraussetzung für die Gültigkeit von (5.8) und (5.9) ist die Forderung, daß innerhalb der Quelle Absorption und Streuung vernachlässigbar sind. Beide Beziehungen können auch zur Berechnung der Dosis bzw. Dosisleistung in der Umgebung von Linien- und Flächenquellen herangezogen werden, wenn diese Forderung ebenfalls erfüllt ist. Anstelle der Aktivität A sind dann die auf ein Linien- oder Flächenelement bezogenen Aktivitäten $\frac{\mathrm{d}A}{\mathrm{d}l}$ bzw. $\frac{\mathrm{d}A}{\mathrm{d}S}$ zu verwenden. Für r ist der Abstand $(r - r')$ des Ortes r, für den die Dosisgröße berechnet werden soll, vom Ort r' des Linien- bzw. Flächenelementes einzusetzen.

Die Expositions- bzw. β-Dosisleistung erhält man durch Integration über die Länge l der Linienquelle bzw. die Fläche S der Flächenquelle. Für den Fall einer flächenhaften Gammastrahlungsquelle gilt

$$\dot{X} = \int\limits_S \frac{\frac{\mathrm{d}A}{\mathrm{d}S}}{(r - r')^2}\,\mathrm{d}S\,. \tag{5.10}$$

5.2. *Inkorporierte radioaktive Nuklide*

Verschiedene therapeutische und diagnostische Anwendungen der Radioaktivität sind mit der Inkorporation radioaktiver Nuklide verbunden. Beim Arbeiten mit offenem radioaktivem Material können radioaktive Nuklide auch ungewollt in den menschlichen Körper aufgenommen werden. Wegen der beschränkten experimentellen Möglichkeiten zur Dosismessung im Körperinneren stützt sich die Dosimetrie bei Inkorporation vorrangig auf Dosisberechnungen. Eine Auswahl wichtiger Berechnungsbeispiele wird im folgenden diskutiert.

Bei der Inkorporation offener radioaktiver Substanzen, die am Stoffwechsel teilnehmen, läßt sich die im interessierenden Körperbereich erzeugte Energiedosis abschätzen, wenn die zugeführte Masse und die chemische Zusammensetzung bekannt sind. An Hand medizinischer Erfahrungen kann von der inkorporierten Gesamtaktivität auf die Aktivitätsanteile geschlossen werden, die in bestimmte Körperbereiche gelangen. Bei Dosisabschätzungen setzt man meist voraus, daß die radioaktive Substanz in diesen Bereichen homogen verteilt vorliegt und das Gewebe von einheitlicher Beschaffenheit ist.

Bei gleichmäßiger Veteilung eines β-Strahlers in einem homogenen Material herrscht innerhalb des Verteilungsgebietes an allen Orten, deren Abstände von der Begrenzungsfläche größer als die maximale Reichweite R_{max} der β-Strahlung sind, Gleichgewicht in bezug auf die β-Teilchen (s. 3.2.).

Vernachlässigt man Energieverluste durch Strahlungsbremsung, so besteht bei Teilchengleichgewicht Übereinstimmung zwischen der Summe der kinetischen Anfangsenergien aller innerhalb eines Massenelementes emittierten β-Teilchen und der auf das Massenelement übertragenen Energie. Daher ergibt sich die Energiedosisleistung $\dot{D}_\beta$ durch Multiplikation der *spezifischen Aktivität*[1]) A_s mit der mittleren β-Energie $\overline{W}_\beta$:

$$\dot{D} = A_s \overline{W}_\beta. \tag{5.11}$$

Die zur Anwendung von (5.11) benötigten mittleren β-Energien liegen für eine Reihe wichtiger radioaktiver Nuklide tabelliert vor. [25] Für grobe Abschätzungen

---

[1]) Die spezifische Aktivität A_s ist der Quotient aus der in einer Substanz vorhandenen Aktivität A und der Masse m der Substanz:

$$A_s = \frac{A}{m}.$$

kann $\overline{W}_\beta$ näherungsweise aus der maximalen β-Energie $W_{\beta,\max}$ ermittelt werden. Es gilt:

$$\overline{W}_\beta \approx \frac{1}{3} W_{\beta,\max}. \tag{5.12}$$

Für α-Strahler läßt sich eine zu (5.11) analoge Beziehung angeben, wenn man die mittlere β-Energie durch die Energie der α-Teilchen ersetzt.

Zur Berechnung der β-Energiedosis ist in (5.11) die Zeitfunktion $A_s(t)$ der spezifischen Aktivität einzusetzen und über die Zeit t zu integrieren. Die Zeitabhängigkeit der spezifischen Aktivität in Körperbereichen kann man angenähert mit Hilfe der Funktion

$$A_s(t) = A_s(0) \exp(-0{,}693t/T_{\mathrm{eff}}) \tag{5.13}$$

beschreiben. Darin bezeichnet

$$T_{\mathrm{eff}} = \frac{T_{\mathrm{phys}} T_{\mathrm{biol}}}{T_{\mathrm{phys}} + T_{\mathrm{biol}}} \tag{5.14}$$

die effektive Halbwertzeit, durch die sowohl die Aktivitätsabnahme infolge radioaktiver Umwandlung (physikalische Halbwertzeit T_{phys}) als auch durch Ausscheidung aus dem Körper (biologische Halbwertzeit T_{biol}) berücksichtigt werden. Für die Gültigkeit von (5.13) ist zu fordern, daß die Inkorporationsdauer klein gegen die effektive Halbwertzeit ist. Bei Erfüllung dieser Forderung stellt sich der Anfangswert $A_s(0)$ der spezifischen Aktivität nach einer Zeitdauer ein, die im allgemeinen ebenfalls klein gegen T_{eff} ist. Durch Integration erhält man für die β-Energiedosis $D_\beta(t)$ nach der Expositionsdauer t:

$$D_\beta(t) = A_s(0)\, \overline{W}_\beta T_{\mathrm{eff}} \{1 - \exp(-0{,}693t/T_{\mathrm{eff}})\}. \tag{5.15}$$

Bei vollständiger Umwandlung bzw. vollständiger Ausscheidung der radioaktiven Substanz ($t \gg T_{\mathrm{eff}}$) folgt aus (5.15) die maximale β-Energiedosis

$$D_{\beta,\max} = A_s(0)\, \overline{W}_\beta T_{\mathrm{eff}}. \tag{5.16}$$

Zur Berechnung der Energiedosisleistung $\dot{D}_\gamma$ bei gleichmäßiger Verteilung eines γ-Strahlers in einem homogenen Material dient die Beziehung

$$\dot{D}_\gamma = A_s \varrho \Gamma f g . \quad (5.17)$$

Hierin bezeichnen A_s die spezifische Aktivität, ϱ die Dichte des Materials, Γ die spezifische Gammastrahlungskonstante, f einen Faktor zur Umrechnung der Expositionsdosisleistung in die Energiedosisleistung und g einen Geometriefaktor. Analog zu (5.15) und (5.16) gelten für die Energiedosis $D_\gamma(t)$ nach der Expositionsdauer t und für die maximale Energiedosis $D_{\gamma,\max}$ die Ausdrücke

$$D_\gamma(t) = A_s(0)\, \varrho \Gamma f g T_{\text{eff}} \{1 - \exp(-9{,}693 t/T_{\text{eff}})\} \quad (5.18)$$

und

$$D_{\gamma,\max} = A_s(0)\, \varrho \Gamma f g T_{\text{eff}} . \quad (5.19)$$

Durch Einführung des Geometriefaktors g ist für die Gültigkeit von (5.17) nicht erforderlich, daß die mittlere freie Weglänge der Photonen klein im Vergleich zu den Abmessungen des Raumgebietes ist, in dem der γ-Strahler homogen verteilt ist. Der Faktor g hängt von der Form und Größe dieses Gebietes ab. Zahlenwerte von g für Kugel- und Zylindergeometrie liegen tabelliert vor. [25] Die mit Hilfe dieser Werte berechneten Energiedosisleistungen gelten für den Kugel- bzw. Zylindermittelpunkt. Der Umrechnungsfaktor f wird meistens mit Hilfe von (3.15) bestimmt, indem man annimmt, daß am Kugel- bzw. Zylindermittelpunkt Sekundärelektronengleichgewicht herrscht.

Bei der Inkorporation radioaktiver Nuklide können auch diskontinuierliche Aktivitätsverteilungen im Körpergewebe auftreten. Durch Inhalation von radioaktivem Staub oder von radioaktiven Aerosolen können sich im unteren Bereich des Atemtraktes kleinste radioaktive Partikel (Durchmesser $< 5\,\mu m$) ansammeln, in deren unmittelbarer Umgebung sehr hohe Dosisleistungen erzeugt werden. Der Dosisbestimmung in der Nähe dieser sogenannten „heißen Teilchen" kommt daher besondere Bedeutung zu. Bei rechnerischen Dosis- bzw. Dosisleistungsabschätzungen werden diese Teilchen gewöhnlich als Punktquellen (s. 5.1.) behandelt.

5.3. *Tiefendosisverteilungen*

Bei der Dosisermittlung in ausgedehnten Objekten stützt man sich in der Praxis häufig auf die Kenntnis von Dosisverteilungen, insbesondere Tiefendosisverteilungen. Die Dosisberechnung erfolgt hierbei entweder aus Dosisgrößen, die frei in Luft am Ort des bestrahlten Objektes erzeugt werden, oder aus einem einzigen im Objekt ermittelten Dosiswert. Besondere Bedeutung haben Dosisverteilungen für die Strahlentherapie (s. 6.2.).

Als *Tiefendosis* D_T bezeichnet man die Energiedosis in einer anzugebenden Tiefe x auf der Achse des Strahlungsbündels innerhalb des bestrahlten Körpers. Der Begriff der Tiefendosis wird auch im Zusammenhang mit den Größen Ionisationsdosis J und Expositionsdosis X verwendet. Die Tiefendosis J_T wird in einem Luftvolumen, das die Bragg-Gray-Bedingungen erfüllt, in der Tiefe x erzeugt. Die Tiefendosis X_T liegt in einer luftgefüllten Gleichgewichtskammer vor, die in der Tiefe x im bestrahlten Material eingebettet ist.

Die *relative Tiefendosis* $D_{T,rel}$ ist der Quotient aus der Tiefendosis D_T und einer Bezugsdosis $D_T{}^*$:

$$D_{T,rel} = \frac{D_T}{D_T{}^*}. \tag{5.20}$$

Als Bezugsdosis wählt man entweder die Oberflächendosis $D_T{}^* = D_{TO}$ oder den Maximalwert der Tiefendosis $D_T{}^* = D_{T,max}$. Bei Neutronenstrahlung wird abweichend von dieser Festlegung als Bezugsgröße oft die

Fluenz der Primärneutronen an der Oberfläche verwendet. In der Regel werden Tiefendosisfunktionen $D_{T,rel}(x)$ für den Fall angegeben, daß die Achse des Strahlungsbündels durch das Zentrum eines Körperphantoms führt oder die Oberfläche einer unendlich ausgedehnten planparallelen Platte senkrecht durchstößt. Bei gegebenem Bestrahlungsobjekt sind für die Tiefendosisverteilung $D_{T,rel}(x)$ neben der Strahlungsart das Energiespektrum, der Abstand s zwischen Quelle und Objektoberfläche, die Querschnittsfläche des Nutzstrahlungsbündels im Abstand s von der Quelle (Feldgröße) und die geometrische Form der Querschnittsfläche des Nutzstrahlungsbündels (Feldform) maßgebend. Die Funktion $D_{T,rel}(x)$ hängt außerdem geringfügig von der Streustrahlung ab, die das Nutzstrahlungsbündel begleitet. Tiefendosisverteilungen wurden für alle in der Dosimetrie wichtigen Strahlungsarten und Bestrahlungsbedingungen ermittelt. Die Funktionen $D_{T,rel}(x)$ liegen in Form von Tabellen und graphischen Darstellungen, seltener in analytischer Gestalt, vor. [50, 51, 52, 54]

Für Photonenstrahlung lassen sich bei Kenntnis der Tiefendosisverteilung Tiefendosen aus der Expositionsdosis X berechnen, die bei Abwesenheit des Objektes frei in Luft im Abstand s von der Strahlungsquelle erzeugt wird. Liegt in der Tiefe $x = R_{max}$ Sekundärelektronengleichgewicht vor, so tritt an dieser Stelle in der Regel auch der Maximalwert der Tiefendosis $D_{T,max}$ auf (R_{max} – maximale Reichweite der Sekundärelektronen im bestrahlten Material). Mit Hilfe von (3.15) erhält man die Beziehung:

$$D_{T,max} = X \frac{\overline{W}_i}{e_0} \frac{\left(\frac{\mu_{en}}{\varrho}\right)_M}{\left(\frac{\mu_{en}}{\varrho}\right)_L} \cdot f_R . \qquad (5.21)$$

Darin bedeuten $\left(\frac{\mu_{en}}{\varrho}\right)_M$ und $\left(\frac{\mu_{en}}{\varrho}\right)_L$ die Massen-Energieabsorptionskoeffizienten von bestrahltem Material und von Luft, $\overline{W}_{\mathrm{l}}$ den mittleren Energieaufwand zur Bildung eines Ionenpaares und e_0 die Elementarladung. Die Größe f_{R} bezeichnet den Rückstreufaktor. Er ist gleich dem Quotienten aus maximaler Tiefendosis und Energiedosis in einer Gleichgewichtssonde, die aus dem Material des bestrahlten Objektes besteht und im Abstand s von der Strahlungsquelle unter sonst gleichen Bedingungen frei in Luft bestrahlt wird. Für Gewebe ist dieses Verhältnis näherungsweise gleich dem Verhältnis von Expositionsdosis an der Oberfläche des Objektes und Expositionsdosis im Abstand s frei in Luft. Unter verschiedenen Bestrahlungsbedingungen ermittelte Rückstreufaktoren liegen tabelliert vor. [25] Ist $D_{\mathrm{T,max}}$ bekannt, so kann durch Multiplikation mit der Tiefendosisverteilung $D_{\mathrm{T,rel}}(x)$ die Tiefendosis in jeder gewünschten Tiefe x berechnet werden.

Die mit Hilfe von (5.21) ermittelte Tiefendosis in der Tiefe R_{max} muß jedoch nicht in allen Fällen der maximalen Tiefendosis entsprechen. Bis zur Tiefe $x = R_{\mathrm{max}}$ ist der Verlauf der Tiefendosiskurve nicht eindeutig bestimmt. Er hängt von der Fluenz und vom Energiespektrum der von außen in das bestrahlte Objekt eintretenden Sekundärelektronen ab, die u. a. in der Strahlungsquelle selbst freigesetzt werden. Unter Umständen liegt das Tiefendosismaximum unmittelbar an der Objektoberfläche. Bezieht man die relative Tiefendosis von Photonenstrahlung auf die Maximaldosis, so legt man immer den nach (5.21) berechneten Wert für $D_{\mathrm{T,max}}$ zugrunde.

Eine für die Strahlentherapie wichtige Größe ist das *Gewebe-Luft-Verhältnis* V_{GL} für Photonen. Man versteht darunter den Quotienten aus der Tiefendosis D_{T} in der Tiefe x im Körper oder in einem Körperphantom und der unter gleichen Bedingungen am gleichen Ort in einer gewebeäquivalenten Gleichgewichtssonde frei in Luft erzeugten Energiedosis D_{L}. Befolgt D_{L} ein quadratisches Abstandsgesetz, so gilt nach (5.21)

$$V_{\mathrm{GL}}(x) = \left(\frac{s + x}{x}\right)^2 f_{\mathrm{R}} D_{\mathrm{T,rel}}(x) . \qquad (5.22)$$

Das Gewebe-Luft-Verhältnis ist ebenso wie die Tiefendosisverteilung von den Bestrahlungsbedingungen abhängig. Werte von V_{GL} liegen tabelliert vor. [25]

Bei geladenen Teilchen wird im allgemeinen mit Bragg-Gray-Sonden die Energiedosis an der Oberfläche des bestrahlten Objektes gemessen und daraus mit Hilfe bekannter Tiefendosisverteilungen die Tiefendosis ermittelt. Zur Berechnung der von Neutronenstrahlung erzeugten Tiefendosis, dient die an der Oberfläche ermittelte Neutronenfluenz.

Bei der Dosisermittlung in ausgedehnten Objekten stützt man sich neben eindimensionalen Dosisverteilungen auch auf räumliche Dosisverteilungen, die ebenfalls durch Phantommessungen oder Berechnung gewonnen werden. Im Falle rotationssymmetrischer Strahlungsfelder erfolgt die Darstellung oft zweidimensional (*Isodosenkurven*).

Tiefendosiswerte und Isodosenverteilungen bilden in der Strahlentherapie die Grundlage für die Bestrahlungsplanung. Für diese mit einem hohen Rechenaufwand verbundene Aufgabe werden vorrangig elektronische Rechenanlagen eingesetzt.

Literatur zu Kapitel 5.

[5, 7, 19, 34, 35, 37, 38, 49, 50, 51, 52, 54, 89]

6. Praktische Dosimetrie

6.1. *Strahlenschutzdosimetrie*

Äquivalentdosis

Im Strahlenschutz schätzt man die Gefährdung der unter Einwirkung ionisierender Strahlung arbeitenden Personen nach einheitlichen Gesichtspunkten ab. Es hat sich herausgestellt, daß die biologische Wirkung ionisierender Strahlung nicht allein durch die Energiedosis D, sondern maßgeblich auch durch die Strahlungsart und einige andere Faktoren bestimmt wird. Schwere geladene Teilchen und Neutronen rufen bei gleicher Energiedosis im gleichen biologischen Material wesentlich stärkere biologische Wirkungen hervor als Photonen- und Elektronenstrahlung. Für die Belange des Strahlenschutzes wurde zur Beurteilung des Strahlenrisikos die *Äquivalentdosis* H eingeführt, die sich aus der Energiedosis D durch Multiplikation mit einem von der Strahlungsqualität abhängigen Bewertungs- oder *Qualitätsfaktor* q ergibt:

$$\boxed{H = qD}. \tag{6.1}$$

Die Qualitätsfaktoren werden unter Berücksichtigung strahlenbiologischer Erkenntnisse durch Übereinkunft festgelegt und dem Bremsvermögen verschiedener Strahlungsarten zugeordnet (Tab. 7 und Tab. 8). Für Photonen- und Elektronenstrahlung im mittleren Energiebereich ist $q = 1$ zu verwenden, für α-Strahlung $q = 10$.[1]) Bei Neutronenstrahlung hängt der Qualitätsfaktor, dem unterschiedlichen Bremsvermögen der geladenen Sekundärteilchen entsprechend, von der Neutronenenergie W_n ab (Tab. 9). Wenn das Neutronenenergiespektrum unbekannt ist, wird $q = 10$ benutzt.

Da q ein dimensionsloser Zahlenfaktor ist, ist die Einheit der Äquivalentdosis gleich der Energiedosiseinheit. Um jedoch deutlich hervorzuheben, daß es sich um die Äquivalentdosis handelt, hat man die eigene SI-Einheit Sievert (Kurzzeichen Sv) eingeführt.[2]) Es ist

$$1\,\mathrm{Sv} = 1\,\mathrm{J\,kg^{-1}}. \tag{6.2}$$

[1]) In der ICRP-Publikation Nr. 26 wird empfohlen, für α-Strahlung künftig den Wert $q = 20$ zu verwenden.

[2]) Bisher wurde die spezielle Äquivalentdosiseinheit Rem (Kurzzeichen rem) benutzt:
1 rem = 10 mSv, 1 Sv = 100 rem.

Tabelle 7
Qualitätsfaktoren für einige Strahlungsarten

Strahlungsart	q
Röntgenstrahlung	1
Gammastrahlung	1
Elektronen- und Betastrahlung ($W_{max} > 30$ keV)	1
thermische Neutronen	3
schnelle Neutronen	10
Alphastrahlung	10
schwere Ionen	20

Tabelle 8
Zuordnung von Qualitätsfaktoren zum Bremsvermögen

S_{col} in keV/µm (H_2O)	q
3,5	1
3,5 – 7	1 – 2
7 – 23	2 – 5
23 – 53	5 – 10
53 – 175	10 – 20

Tabelle 9
Qualitätsfaktor für Neutronenstrahlung in Abhähgigkeit von der Neutronenenergie

W_n in MeV	0,04	10^2	$5 \cdot 10^3$	$2 \cdot 10^4$	10^5
q	3	2	2,5	5	8
W_n in MeV	$5 \cdot 10^6$	10^6	$2,5 \cdot 10^6$	$5 \cdot 10^6$	10^7
q	10	10,5	8	7	6,5

Die Einheit Sievert darf nur für die Äquivalentdosis verwendet werden.

Wenn mehrere Strahlungsarten einwirken, ergibt sich die gesamte Äquivalentdosis durch Summation der einzelnen Äquivalentdosen:

$$H_{\text{ges}} = \sum_i H_i = \sum_i (q_i D_i). \tag{6.3}$$

Die *Äquivalentdosisleistung* $\dot{H}$ ist der Differentialquotient der Äquivalentdosis nach der Zeit:

$$\dot{H} = \frac{\mathrm{d}H}{\mathrm{d}t} = q\,\frac{\mathrm{d}D}{\mathrm{d}t}. \tag{6.4}$$

Die Äquivalentdosis und die Äquivalentdosisleistung sind prinzipiell nicht direkt meßbar, sondern müssen aus der Energiedosis bzw. der Energiedosisleistung berechnet werden.

Routinepersonendosimetrie

Das Ziel der Personendosisüberwachung beruflich strahlenexponierter Personen bei äußerer Bestrahlung besteht darin, aus der an einer Stelle der Körperoberfläche gemessenen Energie- oder Expositionsdosis die Äquivalentdosis in einem *kritischen Organ* (Gonaden, Knochenmark, Darmschleimhaut, Augenlinsen) zu bestimmen.[1]) Eine direkte Ermittlung der Äquivalent-

[1]) Im Jahre 1977 hat die „International Commission on Radiological Protection" (ICRP) in ihrer Publikation Nr. 26 empfohlen, zur Beurteilung des Strahlenrisikos bei innerer und äußerer Strahlenbelastung die *effektive Äquivalentdosis*

$$H_{\mathrm{E}} = \sum_T w_{\mathrm{T}} H_{\mathrm{T}}$$

zu verwenden. Es bedeuten w_{T} Gewichtsfaktoren für verschiedene Organe und H_{T} die Äquivalentdosen in diesen Organen. Zur Bewertung der äußeren Strahlenbelastung wird auch der im ICRU-Report Nr. 25 definierte *Äquivalentdosisindex* H_{I} vorgeschlagen. [90] Diese Größe bezeichnet die maximale Äquivalentdosis in einer gewebeäquivalenten Kugel ($\varrho = 1\ \mathrm{g\ cm^{-3}}$) von 30 cm Durchmesser, die den Bezugspunkt umschließt. Beide Größen haben noch keinen Eingang in die Strahlenschutzgesetzgebung gefunden.

dosis im kritischen Organ ist im allgemeinen nicht möglich. Die Anzeige eines einzigen an der Körperoberfläche getragenen Personendosimeters ist bestenfalls repräsentativ für die Energiedosis am Ort des Dosimeters, nicht jedoch für die Strahlenbelastung des kritischen Organs bzw. die Ganzkörperdosis. Es ist daher die Forderung zu erheben, am Ort des Personendosimeters wenigstens die Energie- oder Expositionsdosis genau und unabhängig von Strahlungsart, Strahlungsenergie und Einfallsrichtung zu messen, um daraus Rückschlüsse auf die Äquivalentdosis im kritischen Organ bzw. die über den gesamten Körper gemittelte Äquivalentdosis ziehen zu können.

Für Photonenstrahlung unterschiedlicher Energie haben Messungen der Energiedosis in den Gonaden und im Knochenmark relativ zur Expositionsdosis am Ort des Personendosimeters (Brust) gezeigt, daß nur im unwahrscheinlichen Fall einer Bestrahlung von hinten die mit Hilfe von (5.21) berechnete Energiedosis im Gewebe nahe der Körperoberfläche am Trageort des Dosimeters wesentlich niedriger ist als im kritischen Organ. Bei Strahlungseinfall von vorn und bei isotroper Bestrahlung übertrifft für keine Photonenenergie die Energiedosis im kritischen Organ die Energiedosis am Ort des Personendosimeters um mehr als 25%.

Für die normalerweise auftretenden Strahlenbelastungen ist dieser Unterschied unerheblich. Es wird daher als ausreichend angesehen, in Photonenstrahlungsfeldern aus der Expositionsdosis am Trageort des Dosimeters die Energiedosis im Gewebe zu berechnen, die zahlenmäßig mit der Äquivalentdosis übereinstimmt, da q gleich Eins ist. Die mit Hilfe von (5.21) aus der Expositionsdosis berechnete Energiedosis in der Nähe der Körperoberfläche läßt sich mit Gleichgewichtssonden aus gewebeäquivalentem Material direkt bestimmen.

Größere Schwierigkeiten bereiten Personendosismessungen für Neutronen. Das Maximum der Äquivalentdosis liegt bei Bestrahlung mit Neutronen mittlerer

Energie nahe der Körperoberfläche. Die Energiedosis und die Äquivalentdosis unterscheiden sich aber um den energieabhängigen Qualitätsfaktor q, der Werte bis zu 10 annehmen kann (s. Tab. 9).

Um die maximale Äquivalentdosis im Körper aus der an der Körperoberfläche gemessenen Energiedosis berechnen zu können, ist daher die Kenntnis des Energiespektrums der Neutronen erforderlich. Sowohl die Messung der von den Neutronen erzeugten Energiedosis für den gesamten Energiebereich von thermischen Neutronenenergien bis zu etwa 14 MeV als auch die routinemäßige Bestimmung des Energiespektrums am Ort der bestrahlten Person sind bisher nicht befriedigend möglich. Die gegenwärtigen Anstrengungen sind darauf gerichtet, Detektoren zu entwickeln, deren Anzeige unabhängig von der Neutronenenergie direkt proportional der von den Neutronen erzeugten maximalen Äquivalentdosis ist (Moderatortypneutronendetektoren, Albedodosimeter s. 3.6.).

Im allgemeinen tragen beruflich strahlenexponierte Personen nur ein Dosimeter, das meist am Rumpf befestigt ist. In Sonderfällen werden zusätzlich Spezialdosimeter eingesetzt. Zur Kontrolle der Belastung der Hände durch β-, γ- oder Röntgenstrahlung dienen z. B. Fingerring-, Fingerspitzen- oder Armbanddosimeter.

An ein Strahlenschutzdosimeter für die Routinepersonendosimetrie werden folgende Hauptforderungen gestellt:

- Eignung zur Äquivalentdosisermittlung von 10^{-4} bis 10^{-1} Sv,
- Unabhängigkeit der Anzeige von der Strahlungsenergie, der Energiedosisleistung und der Einfallsrichtung der Strahlung,
- Unabhängigkeit der Anzeige von der Lagerungszeit vor der Bestrahlung und vor der Auswertung,
- Unempfindlichkeit gegen äußere Einwirkungen wie Wärme, Licht, Druck und Feuchtigkeit,

– Netzunabhängigkeit, geringe Abmessungen, leichte Tragbarkeit und niedriger Preis,
– vertretbare Unsicherheit für die aus der Anzeige des am Körper getragenen Dosimeters ermittelte Äquivalentdosis etwa +50%, −30%.

Es gibt kein ideales Personendosimeter, das diesen Anforderungen vollständig gerecht wird. Welche Eigenschaften ein Detektor unbedingt besitzen muß, hängt vom Anwendungszweck ab. Bei der Routineüberwachung beruflich strahlenexponierter Personen hat man zwischen der *innerbetrieblichen Überwachung* (Personal in großen Kernforschungszentren, Kernkraftwerken usw.) und der *zentralen Überwachung* (staatliche Ebene) zu unterscheiden. Einige Eigenschaften häufig verwendeter Personendosimeter sind in Tabelle 10 zusammengestellt.

In der Strahlenschutzdosimetrie ist gegenwärtig die Tendenz zu verzeichnen, Filmdosimeter durch Thermolumineszenzsysteme zu ersetzen oder zu ergänzen. Das gilt sowohl für die innerbetriebliche als auch für die zentrale, personendosimetrische Überwachung. Für die Routineüberwachung beruflich strahlenexponierter Personen kommen nur Leuchtstoffe mit geringer γ-Energieabhängigkeit der Anzeige (LiF:Mg, Ti, $Li_2B_4O_7$:Mn, BeO:Na) in Betracht, da dem Umstand Rechnung getragen werden muß, daß der größte Teil der Überwachten im Bereich der medizinischen Röntgendiagnostik tätig ist. Es wurden Dosimeterplaketten entwickelt, die feste LiF- bzw. $Li_2B_4O_7$-Meßsonden sowie Korrektionsfilter enthalten. Die Plaketten sind mit Lochcode versehen und können automatisch ausgewertet werden. Die Meßunsicherheit von Thermolumineszenzdosimetern ist geringer als von Dosimeterfilmen. Sie eröffnen die Möglichkeit von Langzeitüberwachungen. In Ländern mit tropischem Klima sind die Vorzüge der Thermolumineszenzdosimeter gegenüber den herkömmlichen Filmen ganz offensichtlich.

Tabelle 10
Eigenschaften häufig verwendeter Personendosimeter

Dosimeter	Meßgröße	Strahlungsart	Meßbereich	Anwendung
Filmdosimeter	Schwärzung	Rö, γ	0,5 mGy···1 Gy	zentrale und innerbetriebliche Überwachung
		n_{th}	0,2 mSv···0,5 Sv	
	Spurzahl	n_s	0,2 mSv···0,2 Sv	
Thermolumineszenz-dosimeter	Lichtstrom	Rö, γ, β, n_{th} Albedodosimeter n_{th}, n_i, n_s	0,1 mGy···10 Gy	innerbetriebliche und zentrale Überwachung
Radiophotolumineszenz-dosimeter	Lichtstrom	Rö, γ, β	0,5 mGy···10 Gy	innerbetriebliche Überwachung
		n_{th}	0,1 mSv···2 Sv	
Festkörperspurdetektor	Spurzahl	n_{th}	0,01 mSv···100 Sv	innerbetriebliche und zentrale Überwachung
		n_s, n_i	1 mSv···1000 Sv	
Taschenionisations-kammer	elektrische Ladung	Rö, γ, n_{th}, n_s	0,2 mGy···2 mGy	innerbetriebliche Überwachung

Havariepersonendosimetrie

Beruflich strahlenexponierte Personen, die in kerntechnischen Anlagen einer erhöhten Strahlengefährdung ausgesetzt sind, werden nicht nur mit Routinepersonendosimetern, sondern zusätzlich mit Havariepersonendosimetern überwacht, die auch hohe Personendosen zu messen gestatten. Die Aufgaben der Havariepersonendosimetrie bestehen darin, unmittelbar nach einem Strahlenunfall (z. B. Kritischwerden von spaltbarem Material, unkontrollierte Leistungsexkursion eines Kernreaktors) möglichst umfassende Informationen über die Strahlenbelastung der betroffenen Personen zu vermitteln, um geeignete therapeutische Maßnahmen einleiten zu können.

Die in der Routinepersonendosimetrie verwendeten Qualitätsfaktoren sind für die Unfalldosimetrie nicht geeignet, da sie unter Einbeziehung hoher Sicherheitsfaktoren für den Fall der Dauerbelastung festgelegt wurden.

In der Havariepersonendosimetrie wird daher nicht die Äquivalentdosis, sondern die im kritischen Organ erzeugte Energiedosis getrennt für Neutronen- und begleitende Photonenstrahlung ermittelt. Darüber hinaus sind Angaben über das Energiespektrum und die Einfallsrichtung der Strahlung sowie die Dosisverteilung für die Rekonstruktion des Unfalls und die ärztliche Behandlung der Betroffenen von Wichtigkeit.

Der Meßbereich von Havariepersonendosimetern sollte sich von etwa 10^{-1} Gy bis 10 Gy erstrecken. Für die am Körper getragenen Dosimeter ist eine Meßunsicherheit kleiner $\pm 20\%$ anzustreben. Zur Messung der Photonenstrahlung sind Thermolumineszenz- und Radiophotolumineszenzdosimeter am besten geeignet. Durch Kombination von zwei Thermoluminophoren mit unterschiedlichem Fading (z. B. LiF:Mg, Ti und CaF_2:Mn oder LiF:Mg,Ti und $CaSO_4$:Mn) kann nicht nur die Energiedosis, sondern auch die nach dem Unfall verstrichene Zeit ermittelt werden. Für die Neutronendosimetrie werden Festkörperspurdetektoren und Kombinationen folgender Aktivierungssonden eingesetzt: Gold, Gold in Kadmiumhülle, Schwefel, Indium. Mit derartigen Systemen können zugleich Anhaltspunkte über den Verlauf des Energiespektrums der Neutronen gewonnen werden.

Die tatsächliche Personenbelastung durch Neutronen kann auch aus der direkten Aktivierung körpereigener Substanzen (Natrium im Blut, Schwefel in den Haaren) oder getragener metallischer Gegenstände (Zahnfüllungen, Ringe, Uhren, Münzen) grob abgeschätzt werden. Wenn kein Havariepersonendosimeter während des Unfalls getragen wurde, ist das sogar die einzige Informationsquelle für eine angenäherte Berechnung der Neutronenenergiedosis.

Ortsdosimetrie

Ortsdosimetrische Messungen dienen der Bestimmung der Energiedosis D (-leistung $\dot{D}$), Expositionsdosis X (-leistung $\dot{X}$) oder Äquivalentdosis H (-leistung $\dot{H}$) an einem bestimmten Ort in einem Strahlungsfeld. Damit sind folgende Zielstellungen verbunden:

a) Abschätzung der zu erwartenden Strahlenbelastung vor Arbeitsaufnahme durch Bestimmung von $\dot{D}$, $\dot{X}$ oder $\dot{H}$ am Arbeitsort und Multiplikation mit der voraussichtlichen Aufenthaltsdauer im Strahlungsfeld.
b) Kontinuierliche Überwachung von Arbeitsräumen und Anzeige plötzlicher Änderungen vorhandener Strahlungsfelder (Warnanzeige).
c) Rekonstruktion von Strahlenunfällen.

Zur Messung der Ortsdosisleistung in Photonenstrahlungsfeldern werden vorwiegend größere, luftgefüllte Ionisationskammern (Meßvolumen ≈ 1 l) mit luft- oder gewebeäquivalenten Kammerwänden verwendet. Die Anzeige solcher Kammern ist zwischen 15 kV und 2 MeV praktisch energieunabhängig. Die Meßbereiche für die Expositionsdosisleistung erstrecken sich von etwa 10 $\frac{\text{pA}}{\text{kg}}$ bis 100 $\frac{\mu\text{A}}{\text{kg}}$. Für spezielle Zwecke werden auch kleinere Druckkammern mit Argon als Füllgas benutzt.

Zur Bestimmung der Energiedosis- oder Äquivalentdosisleistung in Neutronenstrahlungsfeldern sind Moderatortypdetektoren geeignet (s. 3.6.).

Stationäre Neutronendetektoren zur Bestimmung des Neutronenspektrums und der Energiedosis in Havariesituationen bestehen aus einer Kombination von Aktivierungssonden, Festkörperdosimetern und Moderatortypdetektoren.

Literatur zu Abschnitt 6.1.

[2, 7, 15, 18, 22, 23, 25, 28, 29, 31a, 36, 39, 41, 43, 45, 47, 58, 59, 60, 67, 68, 75, 81, 86, 90, 92, 97, 113, 114]

6.2. *Klinische Dosimetrie*

Ionisierende Strahlung wird in der klinischen Medizin erfolgreich in Therapie und Diagnostik eingesetzt. In beiden Bereichen ergeben sich spezifische Aufgaben für die Dosimetrie.

Dosimetrie in der Strahlentherapie

Das Ziel der Strahlentherapie ist die Vernichtung der Tumorzellen bei weitgehender Schonung der Zellen umgebender Gewebe. Die therapeutische Anwendung der ionisierenden Strahlung beruht auf dem Sensibilitätsunterschied zwischen Tumor- und Normalgewebe.

Die Ermittlung der Energiedosis im Krankheitsherd und der räumlichen Energiedosisverteilung im Patienten ist von entscheidender Bedeutung für den therapeutischen Erfolg. Die Strahlenbehandlung maligner Tumoren erfolgt mit den in Tabelle 11 zusammengestellten Strahlungsarten. Zur Behandlung tief im Körperinneren liegender Herde werden die Verfahren der äußeren Fernbestrahlung (Einzelstehfeld-, Mehrfeld-, Bewegungsbestrahlung) angewandt. Zur Bestrahlung von Tumoren können auch umschlossene radioaktive Applikatoren (Nadeln, Stifte, Platten, Perlen) oder offene radioaktive Pharmaka in unmittelbaren Kontakt mit dem Geschwulstgewebe oder direkt in dieses gebracht werden.

Für die Beurteilung der Strahlenwirkung im Tumorbereich ist die Kenntnis der *Herddosis* D_H erforderlich. Man versteht darunter die Energiedosis an einem bestimmten Punkt des Krankheitsherdes. In den meisten Fällen sind direkte Messungen der Herddosis und der Energiedosisverteilung im Patienten mit Sonden unmöglich. In der Strahlentherapie gewinnt man daher diese Daten aus Dosismessungen in gewebeäquivalenten Phantomen bzw. mittels Dosisberechnungen (s. 5.). Nur in Ausnahmefällen, wenn der Tumor an der Oberfläche oder in der Nähe einer leicht zugängigen Körperhöhle liegt, sind auch direkte Herddosismessungen möglich. Unter den Meßverfahren besitzt die Ionisationsdosimetrie mit Kleinkammern und die Thermolumineszenzdosimetrie mit kleinen gewebeäquivalenten Sonden (z. B. LiF-Stäbchen: 1 mm Durchmesser, 6 mm Länge) besondere praktische Bedeutung. Dabei sind wesentlich höhere Genauigkeitsanforderungen als in der Strahlenschutzdosimetrie zu stellen.

Bei der therapeutischen Anwendung der ionisierenden Strahlung spielt der Verlauf der Tiefendosiskurve und insbesondere die Lage des Tiefendosismaximums eine wichtige Rolle (s. 5.3.). In Abbildung 25 sind charakteristische Tiefendosiskurven für Photonenstrahlung und schnelle Elektronen unterschiedlicher Energie wiedergegeben. Der Verlauf der Tiefendosiskurven für energiereiche Photonen wird bestimmt durch die annähernd exponentielle Schwächung der Photonenfluenz und durch

Tabelle 11
Strahlungsarten zur Behandlung maligner Tumoren

Strahlungsart	Beschleunigungsspannung, Teilchenenergie		therapeutische Anwendung
Röntgenstrahlung	U_B:	6 bis 60 kV	Oberflächentherapie
		80 bis 120 kV	Halbtiefentherapie
		180 bis 300 kV	Tiefentherapie
Gammastrahlung	W_γ:	0,66 MeV (^{137}Cs)	Halbtiefen-, Kontakttherapie
		1,25 MeV (^{60}Co)	Tiefen-, Kontakttherapie
		0,4 MeV (^{192}Ir)	Kontakttherapie
Elektronenstrahlung	W_e:	3 bis 40 MeV	Oberflächen-, Halbtiefen-, Tiefentherapie
Betastrahlung	$W_{\beta max}$:	2,27 MeV ($^{90}Sr/^{90}Y$)	Kontakttherapie
		3,53 MeV ($^{106}Ru/^{106}Rh$)	
		0,67 MeV (^{85}Kr)	
ultraharte Bremsstrahlung	U_B:	20 bis 40 MV	Tiefentherapie
Neutronenstrahlung	W_n:	14 MeV	Tiefentherapie

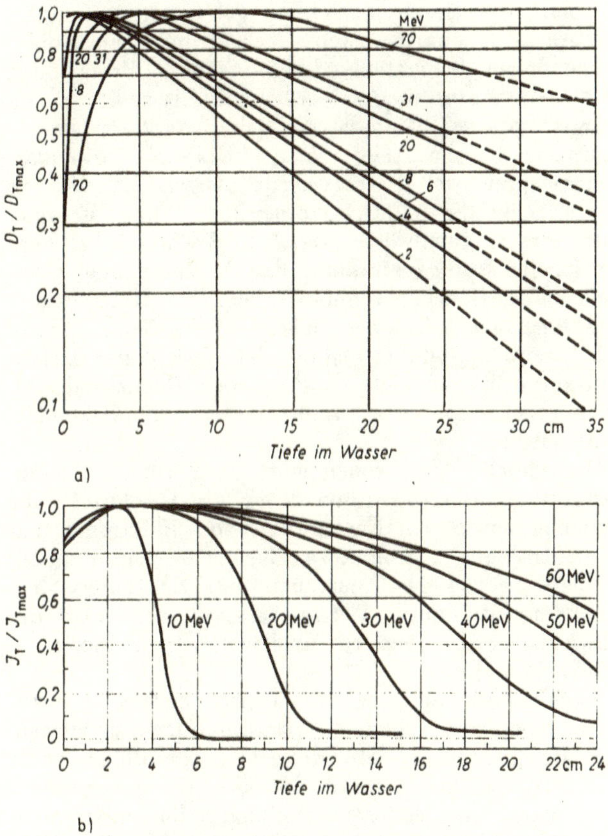

Abb. 25. Tiefendosisverteilung längs des Achsstrahls für Photonen- und Elektronenstrahlung verschiedener Energie in Wasser (nach [54, 100]).
a) Photonenstrahlung (Feldgröße 100 cm², Abstand zwischen Quelle und Wasseroberfläche 100 cm, bei 70 MeV 190 cm),
b) Elektronenstrahlung (breites Eintrittsfeld)

Energieübertragung der Sekundärelektronen auf das Material. Die Energiedosis wächst zunächst an, weil sich zu den in tieferen Schichten gebildeten Sekundärelektronen vorwärtsgestreute Elektronen aus oberflächennahen Schichten addieren. Diese Erscheinung wird als *Dosisaufbaueffekt* bezeichnet. Bis zu Photonenenergien von ca. 3 MeV ist die Schwächung der Photonenfluenz bis zur Tiefe R_{max} (maximale Sekundärelektronenreichweite) zu vernachlässigen, so daß an dieser Stelle Sekundärelektronenfluenz und Energiedosis ihre Maximalwerte erreichen. Während bei konventioneller Röntgenstrahlung das Dosismaximum praktisch an der Oberfläche auftritt, liegt es z. B. bei ^{60}Co-γ-Strahlung bereits in einer Tiefe von 3 bis 5 mm. Wie in 5.3. bereits ausgeführt, hängt der Verlauf der Tiefendosiskurve bis zur Tiefe R_{max} von der Fluenz und vom Energiespektrum der von außen eintretenden Sekundärelektronen ab.

Bei schnellen Elektronen wird die Form der Tiefendosiskurven in erster Linie durch die Reichweite, die Streuung sowie die Erzeugung von δ-Elektronen und Bremsstrahlung bestimmt. Der Tiefendosisverlauf monoenergetischer 14 MeV-Neutronen entspricht etwa dem der ^{60}Co-γ-Strahlung. Tiefendosiswerte werden in der klinischen Praxis meist Tabellenwerken entnommen. [50, 51, 52, 54]

Zweidimensionale bzw. rotationssymmetrische Dosisverteilungen veranschaulicht man durch Isodosenkurven. Als Beispiel zeigt Abbildung 26 zweidimensionale Isodosenverteilungen (Stehfeldisodosen) verschiedener Strahlungsarten. Isodosenverteilungen für unterschiedliche Bestrahlungstechniken (Einzelstehfeld-, Mehrfeld-, Bewegungsbestrahlung), die zur Ermittlung der Herddosis herangezogen werden können, sind in einigen Veröffentlichungen dargestellt. [50, 51, 54] Herddosen bei der Kontakttherapie sowie bei der intrakavitären und interstitiellen Therapie mit umschlossenen radioaktiven Applikatoren werden ebenfalls durch Berechnung aus

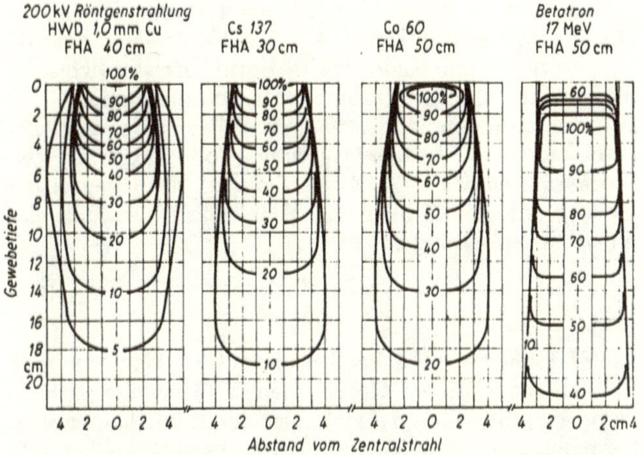

Abb. 26. Stehfeldisodosen für Röntgen-, Gamma- und ultraharte Röntgenstrahlung (nach [4]). (FHA: Quelle-Haut-Abstand; die Zahlen an den Isodosen sind Prozentualwerte, bezogen auf die maximale Tiefendosis)

bekannten Isodosenverteilungen oder Phantommessungen ermittelt.

Bei der Strahlenbehandlung bösartiger Tumoren ist die Kenntnis der Dosisverteilung die entscheidende Vorausssetzung für die optimale Auswahl der Strahlungsqualität und der Bestrahlungstechnik. Die Hauptaufgabe besteht neben der Festlegung der erforderlichen Herddosis in der guten Anpassung der Dosisverteilung an den Tumorbereich. Die Beschränkung der Strahlenbelastung der Haut, der Knochen sowie der dem Tumor benachbarten Gewebe und Organe erfordert einen möglichst steilen Dosisabfall außerhalb des Herdes.

Patientendosimetrie in der Diagnostik

In der Röntgen- und nuklearmedizinischen Diagnostik gilt der Grundsatz, die somatische und genetische Strahlenbelastung der Patienten so klein wie möglich zu

halten. Die Aufgabe der Patientendosimetrie in der Diagnostik besteht einerseits in der Kontrolle der Strahlenbelastung und andererseits darin, Erfahrungen für die Verringerung der Strahlenexposition zu sammeln.
In der Röntgendiagnostik verwendet man zur Beurteilung der Strahlenbelastung von Patienten das *Flächendosisprodukt* G. Es ist definiert als Integral der Expositionsdosis X über eine Schnittfläche A durch das Nutzstrahlungsbündel:

$$G = \int_A X \, dA . \tag{6.5}$$

Die SI-Einheit des Flächendosisproduktes [1]) ist C m² kg⁻¹. Zur Messung dieser Größe dienen Flächenionisationskammern, die sich am Lichtvisier der Röntgenapparatur befinden. Auf diese Weise werden wesentliche Einflußfaktoren (Röhrenstrom, Röhrenspannung, Einschaltzeit, Feldgröße, Filter usw.) berücksichtigt. Durch Messung des Flächendosisproduktes ist auch eine gewisse Beurteilung der Gonadenbelastung möglich. Genaue Ermittlungen der Gonadendosis erfordern Messungen mit kleinen Ionisationskammern oder Thermolumineszenzdosimetern.

Bei der nuklearmedizinischen Diagnostik mit offenen radioaktiven Stoffen wird die Ganzkörperenergiedosis und die Energiedosis im kritischen Organ rechnerisch bestimmt. In der Literatur findet man entsprechende Formeln sowie tabellarische Zusammenstellungen der Strahlenbelastung durch die gebräuchlichsten Nuklearpharmaka. [4]

Literatur zu Abschnitt 6.2.

[2, 4, 7, 9, 15, 21, 25, 32, 34, 35, 40, 50, 51, 52, 54, 78, 80, 82, 84, 87, 88, 89, 91, 94, 100, 101, 108]

---

[1]) Bisher wurde die spezielle Einheit Röntgen × Quadratzentimeter (R cm²) benutzt:

$$1 \text{ R cm}^2 = 2{,}58 \cdot 10^{-8} \text{ C m}^2 \text{ kg}^{-1}.$$

6.3. *Strahlenbiologische Dosimetrie*

Die strahlenbiologische Forschung beschäftigt sich mit den chemischen Veränderungen in bestrahlten biologischen Systemen und den grundlegenden molekularen Mechanismen, die zur Manifestierung von Strahlenschäden führen. Strahlenbiologische Experimente werden sowohl an einfachen biologischen Strukturen, wie einzelligen Mikroorganismen und Zellkulturen aus Geweben von Vielzellern, als auch an höheren Lebewesen einschließlich Säugetieren, durchgeführt.

Relative Biologische Wirksamkeit (RBW)

In dem Bemühen, den Mechanismus strahlenbiologischer Prozesse zu analysieren, ist die Dosimetrie bestrebt, sämtliche physikalischen Größen, die mit der biologischen Wirkung der ionisierenden Strahlung im Zusammenhang stehen, zu erkennen und zu bestimmen. Die Energiedosis ist hierbei eine wesentliche, aber nicht die alleinige Größe.

Häufig werden Strahlenwirkungen an Hand des Überlebens biologischer Objekte in Abhängigkeit von der Energiedosis untersucht und in Form von *Dosiseffektkurven* dargestellt. In Abbildung 27 sind Überlebenskurven von menschlichen Zellen für unterschiedliche Strahlungsarten dargestellt. Aus dem fächerartigen Auseinanderlaufen der Kurven wird die seit langem bekannte Erscheinung deutlich, daß gleiche Energiedosen, die von verschiedenen Strahlungsarten erzeugt werden, unterschiedliche biologische Wirkungen hervorbringen.

Als Maß für die unterschiedliche Wirkung verschiedener Strahlungsarten bei gleicher Energiedosis dient der Faktor der „*Relativen Biologischen Wirksamkeit*“ f_{RBW}. Man versteht hierunter den Quotienten

$$\boxed{f_{\mathrm{RBW}} = \frac{D_\gamma}{D_\mathrm{r}}}, \qquad (6.6)$$

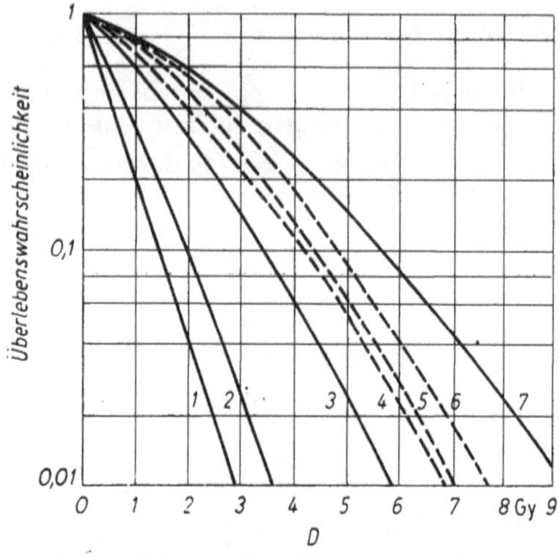

Abb. 27. Überlebenskurven menschlicher Nierenzellen bei Bestrahlung in vitro (nach [56])

1 –	5,2 MeV α-Teilchen	(S_{col} = 85,8 keV/μm)
2 –	8,3 MeV α-Teilchen	(S_{col} = 60,8 keV/μm)
3 –	26,8 MeV α-Teilchen	(S_{col} = 24,6 keV/μm)
4 –	3,5 MeV Deuteronen	(S_{col} = 17,4 keV/μm)
5 –	6,3 MeV Deuteronen	(S_{col} = 11,0 keV/μm)
6 –	14,9 MeV Deuteronen	(S_{col} = 5,6 keV/μm)
7 –	200 kV Röntgenstrahlung	(S_{col} = 2,5 keV/μm)

wobei D_γ die von ^{60}Co-γ-Strahlung und D_r die von der Strahlungsart r erzeugten Energiedosen sind, die unter sonst gleichen Bedingungen dieselbe biologische Wirkung hervorrufen.

Zur Ermittlung von RBW-Faktoren sind Energiedosismessungen in biologischen Materialien erforderlich. Hierfür eignen sich besonders Festkörpersonden und chemische Systeme. Die „Relative Biologische Wirksamkeit" einer Strahlungsart hängt von mehreren physikalischen und biologischen Parametern ab. Unter den physikalischen Einflußgrößen spielt neben der Energiedosis das Bremsvermögen S_{col} bzw. das auf die

Abgabe von Energiebeträgen kleiner Δ beschränkte Bremsvermögen (s. 3.4.) die wichtigste Rolle. Insbesondere das beschränkte Bremsvermögen charakterisiert die räumliche Verteilung der übertragenen Energie längs der Bahn des ionisierenden Teilchens. Abbildung 28 zeigt an Hand einiger typischer Beispiele die unterschiedliche Abhängigkeit experimentell bestimmter RBW-Faktoren von S_{col}.

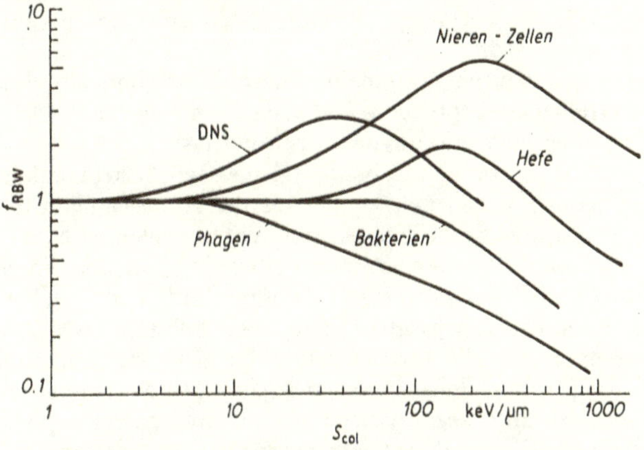

Abb. 28. RBW-Faktor f_{RBW} für die Inaktivierung von T_1-Phagen von E. coli, Shigella-Bakterien, DNS, haploiden Hefezellen und menschlichen Nierenzellen in Kultur in Abhängigkeit von S_{col} (nach [83])

Es wurden zahlreiche Versuche zur physikalischen Deutung der RBW unternommen. Eine rein physikalische Theorie ist wegen der Abhängigkeit der RBW-Faktoren von biologischen Parametern jedoch nicht zu erwarten.

Energieverteilung in Mikrobereichen (Mikrodosimetrie)

Wesentliche Fortschritte erzielten Rossi und Mitarbeiter bei der Deutung der unterschiedlichen biologischen Wirksamkeit verschiedener Strahlungsarten durch Einführung eines Dosiskonzepts für Mikrobereiche. Als unmittelbare Ursache für das Auftreten biologischer Strahlungseffekte werden chemische Veränderungen in Mikrostrukturen (Zellen, Zellkernen, Genen) angesehen, die sich auf das Verhalten des Gesamtorganismus entscheidend auswirken.

Für die Deutung von Strahlenschäden in Zellen und kleineren Strukturen ist die Energiedosis nur bedingt geeignet, da sie die Energieübertragung nur als Durchschnittswert über viele Mikrobereiche wiedergibt. Die nach (2.14) definierte Energiedosis ist eine makroskopische Größe.

Im bestrahlten Volumenelement dV finden so viele Wechselwirkungsprozesse statt, daß dW_D vernachlässigbar kleinen Schwankungen unterworfen ist (s. 2.2.).

Die Abmessungen lebenbestimmender Mikrobereiche sind jedoch wesentlich kleiner als die Abmessungen des im erwähnten Sinne festgelegten Volumenelementes dV, so daß merkliche statistische Schwankungen der einem Mikrobereich zugeführten Energie auftreten. Überschreiten diese Schwankungen einen Schwellenwert, so werden sie für die Inaktivierung der Mikrostruktur und damit für die Schädigung des Gesamtorganismus bestimmend. Man kann daher nicht nur die makroskopisch definierte Energiedosis betrachten, sondern es muß die statistische Schwankung der *lokalen Energiedichte*

$$Z = \frac{W}{m} \tag{6.7}$$

erfaßt werden. In (6.7) bedeutet W die einem Mikrobereich der Masse m durch Strahlung übertragene Energie. Die Größe Z schwankt statistisch um den durch die Energiedosis gegebenen Mittelwert. Die relativen Abweichungen von der Energiedosis sind um so größer, je kleiner das Volumen, je geringer die Energiedosis und je größer die Ionisierungsdichte der Strahlung ist. Durch komplizierte Rechenverfahren oder Messungen mit speziellen Proportionalzählern in gasförmigen Modellsubstanzen lassen sich Wahrscheinlichkeitsverteilungen $P(Z)$ der lokalen Energiedichte ermitteln. $P(Z)$ ist als relative Häufigkeit dafür anzusehen, daß die lokale Energiedichte Z bei einer willkürlich aus dem bestrahlten Material ausgewählten Anzahl von Mikrobereichen der Masse m gefunden wird. Abbildung 29 zeigt einen Vergleich der Verteilungsfunktionen $P(Z)$ für kugelförmige Bereiche unterschiedlichen Durchmessers bei gegebener Energiedosis für Gamma- und Neutronenstrahlung. Ist der Durchmesser (d_1) des Bereiches relativ groß, so ergibt sich eine schmale Verteilung um den Wert D. Wenn sich die Kugeldurchmesser (d_2, d_3 ...) verkleinern, werden die

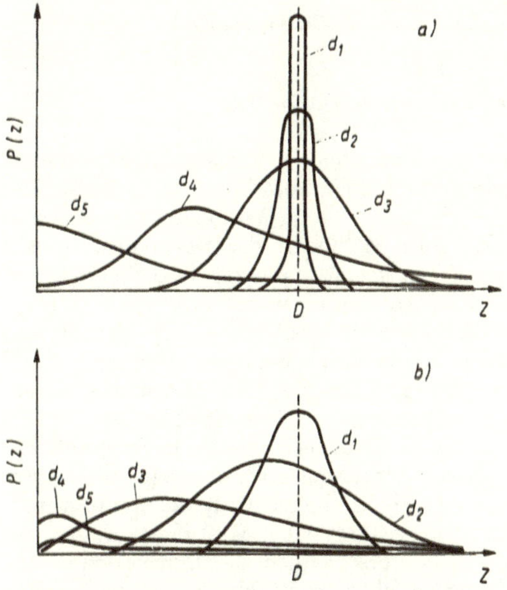

Abb. 29. Schematische Darstellung der Wahrscheinlichkeitsverteilung $P(Z)$ für eine gegebene Energiedosis D und unterschiedliche Durchmesser d kugelförmiger Bereiche (nach [106]). a) Gammastrahlung, b) Neutronenstrahlung

Verteilungen breiter. Für Neutronenstrahlung sind die entsprechenden Schwankungsbreiten größer als für Gammastrahlung.

Bei Bestrahlung von Mikrostrukturen mit verschiedenen Strahlungsarten sind nur dann gleichartige biologische Wirkungen zu erwarten, wenn neben der Energiedosis D auch die Wahrscheinlichkeitsverteilungen $P(Z)$ der lokalen Energiedichten übereinstimmen.

Die Berücksichtigung der statistischen Energieverteilung in Mikrobereichen ist eine wichtige Voraussetzung zur Aufklärung der verschiedenen Wirkungsmechanismen ionisierender Strahlungen.

Literatur zu Abschnitt 6.3.

[7, 20, 21, 24, 25, 46, 56, 73, 79, 83, 91, 106]

6.4. *Strahlentechnische Dosimetrie*

Die unter der Bezeichnung industrielle Strahlungstechnik zusammengefaßten Verfahren zur Nutzung der chemischen und biologischen Wirkungen ionisierender Strahlung erfordern Methoden der Dosimetrie in sehr intensiven Strahlungsfeldern. Für die in Tabelle 12 zusammengestellten Anwendungsbereiche werden einfache und sichere Verfahren zur Messung der Energiedosis und Energiedosisleistung benötigt. Beim gegenwärtigen Stand der Technik kommen für die Durchführung strahlentechnologischer Prozesse nur zwei Strahlungsarten, die Gamma- und die Elektronenstrahlung, in Betracht. Zur Erzeugung dieser Strahlungsarten stehen radioaktive Quellen (^{60}Co, ^{137}Cs/^{137i}Ba) hoher Aktivität und leistungsfähige Elektronenbeschleuniger verschiedener Bauart zur Verfügung. Die unterschiedlichen Eindringtiefen von Photonen- und Elektronenstrahlung in bestrahlten Materialien führen bei beiden Strahlungsarten zu bestimmten, sich nur wenig überlappenden Anwendungsgebieten.

Tabelle 12

Energiedosisbereiche strahlentechnischer Verfahren

Anwendungsgebiet		Energiedosis in kGy
Strahlenchemie	Vernetzung von Polymeren	50 bis 500
	Polymerisation	10 bis 30
	Propfcopolymerisation	5 bis 50
Strahlen-sterilisation	Sterilisation medizinischer Artikel	20 bis 50
	Sterilisation von Pharmazeutika	10 bis 50
Lebensmittel-bestrahlung	Sterilisation	30 bis 60
	Pasteurisation	0,5 bis 10
	Desinfektion	3 bis 10
	Desinsektion	0,1 bis 0,5
	Keimhemmung	0,1

Wie in der Strahlentherapie ist die Kenntnis der räumlichen Dosisverteilung für die Ermittlung der Energiedosis innerhalb der bestrahlten Stoffe wichtig. Einerseits sind zur Durchführung strahlentechnischer Prozesse bestimmte Mindestenergiedosen erforderlich, anderseits müssen Überdosierungen vermieden werden.

Bei Verwendung von ^{60}Co-γ-Strahlung ($W_\gamma = 1{,}25$ MeV) liegt das infolge des Dosisaufbaueffektes (s. 6.2.) auftretende Energiedosismaximum in Stoffen der Dichte $\varrho = 1\ \mathrm{g\,cm^{-3}}$ unmittelbar unter der Oberfläche des bestrahlten Körpers in einer Tiefe von einigen Millimetern.

Der weitere Verlauf der Tiefendosiskurve befolgt näherungsweise ein Exponentialgesetz. Die Halbwertschichtdicke beträgt etwa 11 cm. Da die Bestrahlung in Gammabestrahlungsanlagen im allgemeinen von mehreren Seiten erfolgt, läßt sich in Objekten bis zu 30 cm Dicke eine annähernd homogene Energiedosisverteilung erzielen.

Prinzipiell anders verhält sich monoenergetische Elektronenstrahlung von Beschleunigern. Die maximale Energiedosis tritt in Stoffen der Dichte ϱ in einer von der Elektronenenergie W_e abhängigen Tiefe x_{max} (in Richtung des Primärstrahls) im Inneren des Bestrahlungsgutes auf. Es gilt die empirische Beziehung

$$x_{max}\varrho \approx 0{,}17 k W_e \tag{6.8}$$

(x_{max} in cm, ϱ in g cm^{-3}, W_e in MeV), wobei der Faktor k die Energieabhängigkeit des Tiefendosisverlaufes berücksichtigt (Abb. 30). Hinter dem Maximum fällt die Tiefendosiskurve steil ab. In der Absorbertiefe x_0 wird die gleiche Energiedosis wie an der Oberfläche erzeugt:

$$x_0\varrho \approx 0{,}33\, k W_e \tag{6.9}$$

(x_0 in cm, ϱ in g cm^{-3}, W_e in MeV).

Bei der einseitigen Bestrahlung von flächenhaftem Material wählt man die Dicke x_0 als optimalen Wert, wobei allerdings im Inneren des Bestrahlungsgutes eine Überdosierung in Kauf genommen werden muß. Außerdem geht Strahlung, die das Material durchdringt, nutzlos verloren. Bestrahlt man dagegen von zwei gegenüberliegenden Seiten, so überlagern sich die beiden Tiefendosiskurven, und die optimal zu behandelnde Schicht-

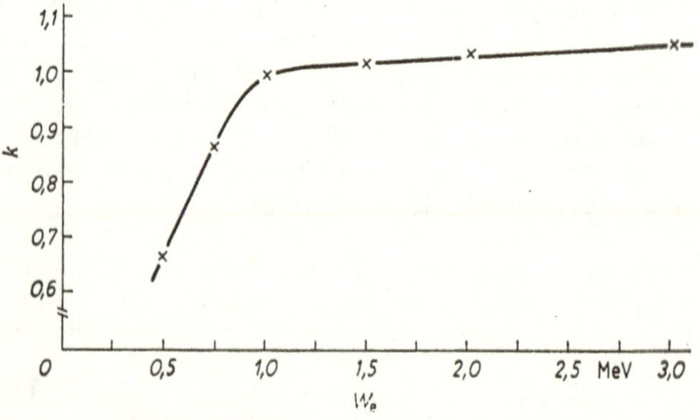

Abb. 30. **Faktor k zur Berücksichtigung der Energieabhängigkeit des Tiefendosisverlaufes (nach [55])**

dicke erhöht sich gegenüber der einseitigen Bestrahlung um den Faktor 2,4.

Zur Veranschaulichung der Tiefendosisverteilung sind in Abbildung 31 die Tiefendosiskurven für 1 MeV-Elektronen wiedergegeben. Oft reichen jedoch auch Zweiseitenbestrahlungen nicht aus, um im Bestrahlungsgut einen homogenen Energiedosisverlauf zu erzeugen (z. B. bei der Strahlenvernetzung von Kabelisolierungen). Gegebenenfalls werden dann Verfahren der Mehrseiten-

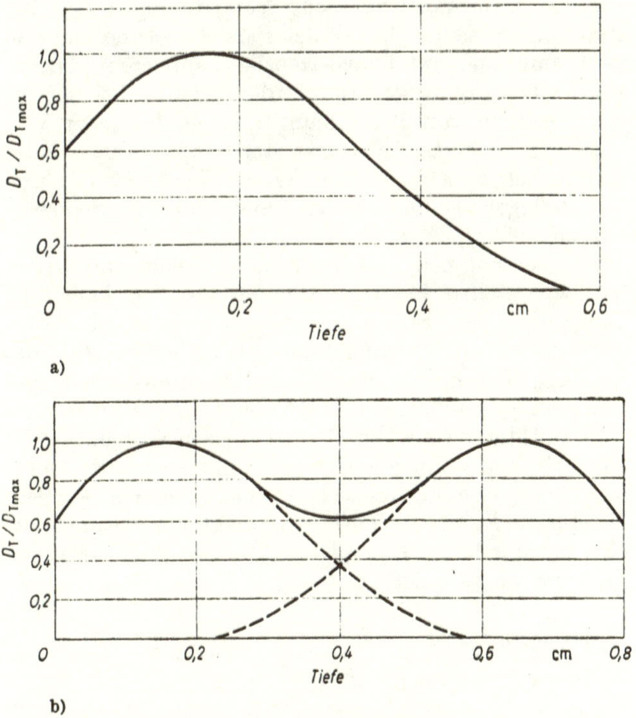

Abb. 31. Tiefendosisverteilung längs des Achsstrahles in Material der Dichte $\varrho = 1 \text{ g cm}^{-3}$ für 1 MeV-Elektronen. a) einseitige Bestrahlung, b) doppelseitige Bestrahlung

bestrahlung (Drehen des Materials, Bestrahlung aus verschiedenen Richtungen bei Beschleunigungsanlagen mit mehreren Scannern) angewendet.

Die Durchführung strahlentechnischer Prozesse erfordert Kontrollen der aufzuwendenden Mindestenergiedosis im Bestrahlungsgut. Bei der Strahlensterilisation von medizinischen Artikeln und Pharmazeutika kann z. B. erst nach Kenntnis der erzeugten Energiedosis Keimfreiheit garantiert werden. Andererseits müssen Überdosierungen ausgeschlossen werden, weil dadurch unerwünschte strahlenchemische Veränderungen des Bestrahlungsgutes (z. B. bei der Strahlenbehandlung von Lebensmitteln und Pharmazeutika) auftreten können. Die Einhaltung dieser Grundforderungen ist bei der Inbetriebnahme von Bestrahlungsanlagen, bei jeder Veränderung der Betriebsparameter und während des Routinebetriebes durch anerkannte Dosismeßverfahren mit geringer Meßunsicherheit und guter Reproduzierbarkeit zu überprüfen.

Für die Photonen- und Elektronendosismessung werden bei industriellen Bestrahlungen insbesondere kalorische Dosimeter, das Fricke-Eisensulfatdosimeter, das Cersulfatdosimeter, Thermolumineszenzdosimeter (LiF:Mg, Ti, CaF_2:Mn), Halbleiterdosimeter (Si-p-i-n-Dioden) und Verfärbungsdosimeter (PMMA) mit Erfolg eingesetzt. Von Wichtigkeit sind in Bestrahlungsanlagen außerdem einfache Kontrollmöglichkeiten, damit bestrahlte Güter nicht mit unbestrahlten verwechselt werden können. Hierfür sind einfache Farbstoffindikatoren geeignet, die eine vorgegebene Energiedosis durch einen kräftigen Farbumschlag anzeigen.

Literatur zu Abschnitt 6.4.

[7, 16, 25, 27, 48, 55, 63, 76, 87]

6.5. Umgebungsdosimetrie

Natürliche und künstliche Quellen ionisierender Strahlung in der Umwelt verursachen eine Strahlenbelastung der Gesamtbevölkerung. Verantwortlich für die natürliche Strahlenbelastung sind die kosmische Strahlung und der Gehalt der obersten Erdschichten an natürlich radioaktiven Nukliden. Die durch Kernwaffenexplosionen und durch die friedliche Ausnutzung der Kernenergie in die Umwelt gelangten künstlich radioaktiven Nuklide tragen zur zivilisatorischen Strahlenbelastung der Bevölkerung bei.

Um den Beitrag dieser Strahleneinflüsse zur Äquivalentdosis ermitteln zu können, sind Bestimmungen der Energiedosis bzw. Energiedosisleistung im Bereich der natürlichen terrestrischen und kosmischen Grundstrahlung sowie in der Umgebung kerntechnischer Anlagen erforderlich.

Die durch kosmische Strahlung auf der Erdoberfläche erzeugte Energiedosisleistung hängt stark von der Höhe über dem Meeresspiegel und in geringerem Maße von der geographischen Breite ab. Ionisationskammermessungen haben für die von der direkt ionisierenden Komponente in Meereshöhe und $> 50°$ Breite erzeugte Energiedosisleistung einen Wert von $\approx 9\,\frac{\text{pW}}{\text{kg}}$ ergeben. Hinzu kommt der Beitrag der Neutronenkomponente mit $\approx 0{,}1\,\frac{\text{pW}}{\text{kg}}$. Natürliche radioaktive Nuklide in der Umwelt bewirken eine äußere und innere Strahlenbelastung des Menschen. Die äußere Strahlenbelastung wird in erster Linie durch die Gammastrahlung der Glieder der ^{238}U- und der ^{232}Th-Reihe sowie des Nuklids ^{40}K verursacht. Auf Grund der unterschiedlichen Radionuklidgehalte der oberflächennahen Gesteinsarten und der zum Bau von Gebäuden verwendeten Materialien variiert die Energiedosisleistung stark von Ort zu Ort. Als Mittelwert wird

15 pW/kg angenommen, es treten aber in einigen Fällen bis um einen Faktor 50 höhere Energiedosisleistungen auf (z. B. Monazitsandgebiete in Indien und Brasilien).

Für die innere Strahlenbelastung sind einige natürliche Radionuklide (^{14}C, ^{40}K, ^{87}Rb, ^{210}Po, ^{226}Ra) verantwortlich, die mit der Nahrung in den Körper aufgenommen werden. Außerdem gelangen die radioaktiven Edelgase ^{222}Rn (Radon) und ^{220}Rn (Thoron) und ihre kurzlebigen Folgeprodukte mit der Atemluft in die Lunge.

Durch Inkorporation natürlicher Radionuklide ergeben sich im Mittel folgende jährliche Beiträge zur Äquivalentdosis: Ganzkörper- und Gonadenbelastung

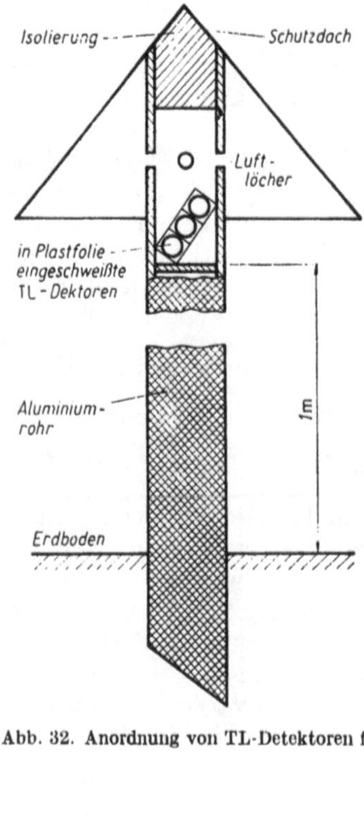

Abb. 32. Anordnung von TL-Detektoren für die Umgebungsdosimetrie

≈ 9,25 mSv, Knochenbelastung ≈ 0,5 mSv, Lungenbelastung ≈ 1 mSv.

Der Betrieb kerntechnischer Anlagen erfordert die meßtechnische Überwachung ihrer Umgebung, um die durch Abgabe radioaktiver Stoffe denkbare zivilisatorische Strahlenbelastung der Bevölkerung abschätzen zu können. Es müssen sowohl regelmäßig Messungen der Aktivität in den Umgebungsmedien als auch Energiedosismessungen über längere Zeiträume durchgeführt werden.

Zur integrierenden Messung kleiner Energiedosen werden vorwiegend hochempfindliche Thermolumineszenzdosimeter verwendet. Für derartige Feldmessungen, die nicht unbedingt gewebeäquivalente oder luftäquivalente Meßsonden erfordern, hat sich am besten der Speicherphosphor $CaSO_4$:Dy (s. Tab. 5) bewährt. Er gestattet bei einer Meßunsicherheit von etwa $\pm 5\%$ und geringem Fading, Energiedosen kleiner als 10^{-4} Gy zu messen. Die in kaliumfreien Glasampullen oder Plastbeuteln befindlichen Thermolumineszenzdetektoren werden in der Nähe einer Kernanlage in perforierten Metall- oder Kunststoffrohren etwa 1 m über dem Erdboden aufbewahrt und in gewissen Zeitabständen zur Auswertung eingesammelt (Abb. 32).

Die Umgebungsüberwachung kerntechnischer Anlagen in verschiedenen Industriestaaten hat ergeben, daß gegenwärtig der durch kontrollierte Abgabe radioaktiver Nuklide bedingte Beitrag zur jährlichen genetisch signifikanten Äquivalentdosis $\ll 1$ µSv ist.

Literatur zu Abschnitt 6.5.

[7, 25, 57, 70]

7. Literaturverzeichnis

A) Bücher

[1] Aglinzew, K. K.: Dosimetrie ionisierender Strahlung, VEB Deutscher Verlag der Wissenschaften, Berlin 1961.

[2] Aglinzew, K. K.: Applied Dosimetry, Illiffe, London 1965.

[3] Amelinckx, S., B. Batz, R. Strumane (Ed.): Solid State Dosimetry, Gordon and Breach, New York, London, Paris 1969.

[4] Angerstein, W., S. Gursky (Hrsg.): Grundlagen der Strahlenphysik und radiologischen Technik in der Medizin, VEB Georg Thieme Verlag, Leipzig 1975.

[5] Attix, F. H., W. C. Roesch (Ed.): Radiation Dosimetry, Vol. I, Fundamentals, Academic Press, New York, London 1958.

[6] Attix, F. H., W. C. Roesch (Ed.): Radiation Dosimetry, Vol. II, Instrumentation, Academic Press, New York, London 1966.

[7] Attix, F. H., E. Tochilin (Ed.): Radiation Dosimetry, Vol. III, Sources, Fields, Measurements, and Applications, Academic Press, New York, London 1969.

[8] Attix, F. H. (Ed.): Topics in Radiation Dosimetry, Suppl. 1. Academic Press, New York, London 1972.

[9] Baranow, W. F. (Баранов, В. Ф.): Дозиметрия электронного излучения, Атомиздат, Moskau 1974.

[10] Becker, K.: Filmdosimetrie, Springer Verlag, Berlin, New York 1962.

[11] Becker, K.: Solid-State Dosimetry, CRC Press, Cleveland, Ohio 1973.

[12] Becker, K., A. Scharmann: Einführung in die Festkörperdosimetrie, Verlag Karl Thiemig, München 1975.

[13] Cameron, J. R., N. Suntharalingam, G. N. Kenney: Thermoluminescent Dosimetry, University of Wisconsin Press, Madison, Wisconsin 1968.

[14] Christen, Th.: Messung und Dosierung der Röntgenstrahlen, Gräfe & Sillem, Hamburg 1913.

[15] Dörschel, B., L. Herforth: Neutronen-Personendosimetrie, VEB Deutscher Verlag der Wissenschaften, Berlin 1979.

[16] Drawe, H.: Angewandte Strahlenchemie, Dr. Alfred Hüthig Verlag, Heidelberg 1973.

[17] Frank, M., W. Stolz: Festkörperdosimetrie ionisierender Strahlung, BSB B. G. Teubner Verlagsgesellschaft, Leipzig 1969, Verlag Chemie, Weinheim 1969, Atomisdat, Moskau 1973.

[18] Germogenowa, T. A., W. P. Maschkowitsch, W. G. Solotuchin, A. P. Suwerow (Гермогенова, Т. А., В. П. Машкович, В. Г. Золотухин, А. П. Суверов): Альбедо нейтронов, Атомиздат, Moskau 1973.

[19] Hine, G. J., G. L. Brownell (Ed.): Radiation Dosimetry, Academic Press, New York 1956.

[20] Hug, O., A. M. Kellerer: Stochastik der Strahlenwirkung, Springer Verlag, Berlin, Heidelberg, New York 1966.

[21] Hug, O.: Medizinische Strahlenkunde, Springer Verlag, Berlin, Heidelberg, New York 1974.

[22] Iwanow, W. I. (Иванов, В. И.): Курс дозиметрии, Атомиздат, Moskau 1970.

[23] Iwanow, W. I., W. P. Maschkowitsch (Иванов, В. И., В. П. Машкович): Сборник задач по дозиметрии и защите от ионизирующих излучений, Атомиздат, Moskau 1973.

[24] Iwanow, W. I., W. N. Lyszow (Иванов, В. И., В. Н. Лысцов): Основы микродозиметрии, Атомиздат, Moskau 1979.

[25] Jaeger, R. G., W. Hübner (Hrsg.): Dosimetrie und Strahlenschutz, Georg Thieme Verlag, Stuttgart 1974.

[26] Kabaktschi, A. M., Ja. I. Lawrentowitsch, W. W. Penkowski (Кабакчи, А. М., Я. И. Лаврентович, В. В. Пеньковский): Химическая дозиметрия ионизирующих излучений, Изд-во АН УССР, Kiew 1963.

[27] Kaindl, K., E. H. Graul (Hrsg.): Strahlenchemie, Dr. Alfred Hüthig Verlag, Heidelberg 1967.

[28] Kiefer, H., R. Maushart: Strahlenschutzmeßtechnik, Verlag G. Braun, Karlsruhe 1964.

[29] Kiefer, H., R. Maushart: Radiation Protection Measurements, Pergamon Press, Oxford 1972.

[30] KLUMPAR, J.: Metrologie ionizujiciho zařeni a radionuklidů, Academia, Prag 1976.

[31] KOSLOW, W. F. (Козлов, В. Ф.): Фотографическая дозиметрия ионизирующих излучений, Атомиздат, Moskau 1964.

[31a] KRAITOR, S. N. (Крайтор, С. Н.): Дозиметрия при радиационных авариях, Атомиздат, Moskau 1979.

[32] KRONGAUS, A. N., W. K. LJAPIDEWSKI, A. W. FROLOWA (Кронгауз, А. Н., В. К. Ляпидевский, А. В. Фролова): Физические основы клинической дозиметрии, Атомиздат, Moskau 1969.

[33] KRONGAUS, A. N., W. K. LJAPIDEWSKI, JU. B. MANDELZWAIG, W. N. PODGORNY (Кронгауз, А. Н., В. К. Ляпидевский, Ю. Б. Мандельцвайг, В. Н. Подгорный): Полупроводниковые детекторы в дозиметрии ионизирующих излучений, Атомиздат, Moskau 1973.

[34] MATSCHKE, S., J. RICHTER, K. WELKER: Physikalische und technische Grundlagen der Bestrahlungsplanung, VEB Georg Thieme Verlag, Leipzig 1968.

[35] MINDER, W.: Dosimetrie der Strahlungen radioaktiver Stoffe, Springer Verlag, Wien 1961.

[36] MOISSEJEW, A. A., W. I. IWANOW (Моисеев, А. А., В. И. Иванов): Справочник по дозиметрии и радиационной гигиене, Атомиздат, Moskau 1974.

[37] NACHTIGALL, D.: Tabelle spezifischer Gammastrahlenkonstanten, Verlag Karl Thiemig, München 1969.

[38] NACHTIGALL, D.: Physikalische Grundlagen für Dosimetrie und Strahlenschutz, Verlag Karl Thiemig, München 1971.

[39] OBERHOFER, M.: Strahlenschutzpraxis, Meßtechnik, Verlag Karl Thiemig, München 1972.

[40] POHLIT, W.: Dosimetrie zur Betatrontherapie, Georg Thieme Verlag, Stuttgart 1965.

[41] SCHALNOW, M. I.: Neutronen-Gewebedosimetrie, VEB Deutscher Verlag der Wissenschaften, Berlin 1963.

[42] SCHIMANSKAJA, N. S. (Шиманская, Н. С.): Калориметрия ионизирующих излучений, Атомиздат, Moskau 1973.

[43] SCHURICHT, V., u. a.: Strahlenschutzphysik, VEB Deutscher Verlag der Wissenschaften, Berlin 1975.

[44] SCHWARZ, K. K., S. A. GRANT, T. K. MESHS. M. M. GRUBE (Шварц, К. К. З. А. Грант, Т. К. Межс, М. М. Грубе): Термолюминесцентная дозиметрия, Изд-во Зинатне, Riga 1968.

[45] SITZLACK, G. (Hrsg.): Strahlenschutzpraxis, Verlag Tribüne, Berlin 1975.

[46] SOKOLOWA, I. K. (Соколова, И. К.): Химические методы дозиметрии в радиобиологии, Атомиздат, Moskau 1972.

[47] SOLOTUCHIN, W. G. (Золотухин, В. Г.): Тканевые дозы нейтронов в теле человека, Атомиздат, Moskau 1972.

[48] STOLZ, W.: Strahlensterilisation, Johann Ambrosius Barth, Leipzig 1962.

[49] STOLZ, W.: Radioaktivität, Band I. Grundlagen; Band II. Messung und Anwendung, BSB B. G. Teubner Verlagsgesellschaft, Leipzig 1976, 1978.

[50] TSIEN, K. C., M. COLEN: Isodose Charts and Depth Dose Tables for Medium Energy X-Rays. Butterworth, London 1962.

[51] TSIEN, K. C., J. R. CUNNINGHAM, D. J. WRIGHT, E. A. JONES, P. M. PFALZNER: Atlas of radiation dose distributions, Bd. II., IAEA, Wien 1967.

[52] WACHSMANN, F., A. DIMOTSIS: Kurven und Tabellen für die Strahlentherapie, Hirzel Verlag, Stuttgart 1957.

[53] WHYTE, G. N.: Principles of Radiation Dosimetry. Wiley, London 1959.

[54] WEBSTER, E. W., K. C. TSIEN: Atlas of radiation dose distributions, IAEA, Wien 1965.

B) Zeitschriftenartikel und Reports

[55] BALARIN, M., H. J. HEINRICH: Zur Tiefendosis- und Vernetzungsgradverteilung bei Bestrahlung von Polymeren mit energiereichen Elektronen. Isotopenpraxis **15** (1979) 29.

[56] BARENDSEN, G. W., H. M. D. WALTER, J. F. FOWLER, D. K. BEWLEY: Effect of different ionizing radiations on human cells in tissue culture. III. Experiments with cyclotron-accelerated alpha-particles and deuterons. Radiat. Res. **18** (1963) 106.

[57] BECKER, K.: Environmental monitoring with TLD. Nucl. Inst. Meth. **104** (1972) 405.

[58] BECKER, K.: The future of personnel dosimetry. Health Phys. **23** (1972) 729.

[59] BECKER, K.: Progress in solid-state fast neutron personnel dosimetry. In: IAEA Symposium on Neutron

Monitoring for Radiation Protection Purposes, Wien 1973, IAEA/SM – 167/66.

[60] BECKER, K.: Stand und Entwicklungstendenzen in der Personendosimetrie – ein weltweiter Überblick. Kerntechnik **18** (1976) 345.

[61] BERGER, H.: Die praktische Anwendung der neuen Dosisbegriffe nach DIN 6809. Sonderband Strahlentherapie **43** (1959) 444.

[62] BERGER, M. J., S. M. SELTZER: Tables of energy losses and ranges of electrons and positrons. Report NASA – Sp 3012 (1964).

[63] BRYNJOLFSSON, A., N. W. HOLM: Calorimetric measurements of gamma-rays and calibration of ferrous sulphate radiation dosimeter. In: Proc. IAEA-Symposium on Metrology of Radionuclides, S. 419, Wien 1960.

[64] BURLIN, T. E.: A general theory of cavity ionisation. Brit. J. Radiol. **39** (1966) 727.

[65] CARLSON, C. A.: Concepts W and G used in radiation dosimetry. Acta Radiol. **11** (1972) 106.

[66] CHAN, F. K., T. E. BURLIN: An experimental examination of the general cavity theory using solid state dosimeter. Brit. J. Radiol. **43** (1970) 54.

[67] DÖRSCHEL, B., L. HERFORTH: Analyse der biologischen Wirksamkeit von Neutronen in Havariesituationen. Kernenergie **16** (1973) 311.

[68] DÖRSCHEL, B.: Festkörperdetektoren in der Neutronen-Personendosimetrie. Kernenergie **19** (1976) 201.

[69] FANO, U.: Note on the Bragg-Gray cavity principle for measuring energy dissipation. Radiat. Res. **1** (1954) 237.

[70] GESELL, T. F., G. DE P. BURKE, K. BECKER: An international intercomparison of environmental dosimeters. Health Phys. **30** (1976) 125.

[71] GRAY, L. H.: An ionization method for the absolute measurement of gamma ray energy. Proc. Roy. Soc. **A 156** (1936) 578.

[72] HECKER, O., H. ROTHE: Darstellung und Weitergabe der Expositionseinheit Röntgen im DAMW. Teil II: Die Hohlraum-Ionisationskammern für ^{60}Co- und ^{137}Cs-γ-Strahlung. Isotopenpraxis **8** (1972) 373.

[73] HECKER, O., R. KUNZE, H. ROTHE: Über die Anwendung von Freiluft- und Hohlraum-Ionisationskammern zur Darstellung der Einheit der Exposition für ^{60}Co- und

^{137}Cs-γ-Strahlung. Vergleich zwischen beiden Meßverfahren. Isotopenpraxis **13** (1977) 377.

[74] HERFORTH, L., B. DÖRSCHEL: Die biologische Wirksamkeit von Neutronen in Abhängigkeit von LET, Neutronenenergie, Gewebetiefe, Dosis, zeitlicher Dosisverteilung und vom Sauerstoffgehalt des Gewebes. Kernenergie **18** (1975) 353.

[75] HOY, J. E.: An albedo-type personnel neutron dosimeter. Health Phys. **23** (1972) 385.

[76] HÜBNER, K., W. STOLZ: Ein einfaches, visuell und objektiv auswertbares Schwellwertdosimeter für Sterilisierungsbestrahlungen medizinischer Artikel. Isotopenpraxis **5** (1969) 230.

[77] ICRU: Physical aspects of irradiation. ICRU-Rep. 10b (1962).

[78] ICRU: Clinical dosimetry. ICRU-Rep. 10d (1963).

[79] ICRU: Radiobiological dosimetry. ICRU-Rep. 10e (1963).

[80] ICRU: Methods of evaluating radiological equipment. ICRU-Rep. 10f (1963).

[81] ICRU: Neutron fluence, neutron spectra and kerma. ICRU-Rep. 13 (1963).

[82] ICRU: Radiation dosimetry: X-rays and gamma-rays with maximum photon energies between 0,6 and 50 MeV. ICRU-Rep. 14 (1969).

[83] ICRU: Linear energy transfer. ICRU-Rep. 16 (1970).

[84] ICRU: Radiation dosimetry: X-rays generated at potentials of 5 to 160 kV. ICRU-Rep. 17 (1970).

[85] ICRU: Radiation quantities and units. ICRU-Rep. 19 (1971).

[86] ICRU: Radiation protection instrumentation and its application. ICRU-Rep. 20 (1971).

[87] ICRU: Radiation dosimetry: eclectrons with initial energies between 1 and 50 MeV. ICRU-Rep. 21 (1972).

[88] ICRU: Measurement of absorbed dose in a phantom by a single beam of X- or gamma-rays. ICRU-Rep. 23 (1973).

[89] ICRU: Determination of absorbed dose in a patient irradiated by beams of X- or gamma-rays in radiotherapy procedures. ICRU-Rep. 24 (1976).

[90] ICRU: Conceptual basis for the determination of dose equivalent. ICRU-Rep. 25 (1976).

[91] ICRU: Neutron Dosimetry for Biology and Medicine. ICRU-Rep. 26 (1977).

[92] ICRU: An international neutron dosimetry intercomparison. ICRU-Rep. 27 (1978).

[93] ICRU: Basis aspects of high energy particle interactions and radiation dosimetry. ICRU-Rep. 28 (1978).

[94] ICRU: Dose specification for reporting external beam therapy with photons and electrons. ICRU-Rep. 29 (1978).

[95] JAEGER, R. G., J. NAGL, A. SANIELEVICI: Die Bedeutung der Kalorimetrie für die Dosimetrie ionisierender Strahlung. Strahlentherapie **126** (1965) 322.

[96] KOCH, W.: Aus der Praxis der Ferrosulfat-(Fricke-)Dosimetrie. Isotopenpraxis **6** (1970) 337.

[97] KRAUS, W., W. WILL: Entwicklungstendenzen der Personendosimetrie beruflich strahlungsexponierter Personen. Kernenergie **14** (1971) 277.

[98] KUNZE, R., H. KORN: Kalorimetrische Verfahren zur Energiedosismessung. Isotopenpraxis **13** (1977) 305.

[99] LAURENCE, G. C.: The measurement of extra hard X-rays and gamma-rays in roentgens. Can. J. Res. **A 15** (1937) 67.

[100] LOEVINGER, R., J. KAZMARK, M. WEISSBLUTH: Radiation therapy with high energy electrons. Radiology **77** (1961) 906.

[101] MC EWAN, A. C.: Physical measurements of medical electron beams — a review. Aust. Radiol. **17** (1973) 328.

[102] MÜLLER, F., W. STOLZ: Dosimetrie ionisierender Strahlung durch Messung der Exoelektronenemission. Isotopenpraxis **8** (1972) 161.

[103] NIATEL, M. T., T. P. LOFTUS, W. OETZMANN: Comparison of exposure standards for ^{60}Co gamma rays. Metrologia **11** (1975) 17.

[104] PETREE, B., J. C. HUMPHREYS, P. J. LAMPERTI, T. P. LOFTUS, J. T. WEAVER: Comparison of cobalt-60 exposure determinations by calorimetry and by ionization chamber techniques. Metrologia **11** (1975) 11.

[105] PROKERT, K., W. STOLZ: Dosimetrie ionisierender Strahlung mittels fester Farbstoffsysteme. Isotopenpraxis **6** (1970) 325.

[106] ROSSI, H. H.: Energy distribution in the absorption of radiation. In: LAWRENCE, J. H., J. W. GOFMAN (Ed.): Advances in Biological and Medical Physics. Academic Press, New York 1967.

[107] ROTHE, H., K. WILLUHN: Darstellung und Weitergabe der Expositionseinheit Röntgen im DAMW. Teil I: Die

Freiluft-Ionisationskammern für Röntgenstrahlung zwischen 6 und 400 kV Anregungsspannung. Isotopenpraxis 8 (1972) 281.

[108] SCHMIDT, H.: Zur Beta-Dosimetrie medizinischer Applikatoren. Isotopenpraxis **13** (1977) 413.

[109] SPENCER, L. V., F. H. ATTIX: A theory of carity ionization. Radiat. Res. **3** (1955) 239.

[110] Stolz, W.: Chemische Dosimetrie ionisierender Strahlung. Isotopenpraxis **3** (1967) 77.

[111] STOLZ, W., B. DÖRSCHEL: Der Festkörperspurdetektor. Kernenergie **11** (1968) 137.

[112] STOLZ, W., S. ROCHELT: Thermolumineszenzdosimetrie. Isotopenpraxis **9** (1973) 238.

[113] STOLZ, W.: Lyolumineszenzdosimetrie. Isotopenpraxis **16** (1980), 321.

[114] WAGNER, S.: Zur Problematik der Personendosimetrie. Atomkernenergie **21** (1973) 153.

8. Sachverzeichnis

Die Autoren

- erläutern die Aufgaben der Dosimetrie ionisierender Strahlung und beschreiben die Strahlungsfeld- und Dosisgrößen sowie ihre Einheiten

- behandeln die theoretischen Grundlagen der Dosimetrie ionisierender Strahlung

- vermitteln einen Überblick über die Methoden der Dosismessung und Dosisberechnung sowie die Teilgebiete der praktischen Dosimetrie

- wenden sich an Studierende sowie in der Praxis und Forschung tätige Physiker, Chemiker, Radiologen und Techniker

WISSENSCHAFTLICHE TASCHENBÜCHER

www.ingramcontent.com/pod-product-compliance
Lightning Source LLC
LaVergne TN
LVHW092105300926
849161LV00002B/51
* 9 7 8 3 1 1 2 6 4 8 5 5 1 *